中国近海底栖动物多样性丛书

中国近海底栖动物分类体系

李新正　甘志彬　主编

科学出版社
北京

内 容 简 介

本书结合国内外形态分类和分子生物学最新研究成果，介绍了我国近海常见底栖动物分类体系研究的最新进展，内容包括18个常见海洋底栖动物门（类）的分类系统：多孔动物门、刺胞动物门、扁形动物门、纽形动物门、腹毛动物门、头吻动物门（含动吻动物和曳鳃动物）、内肛动物门、线虫动物门、环节动物门、星虫动物门、软体动物门、节肢动物门、苔藓动物门、腕足动物门、帚形动物门、棘皮动物门、半索动物门、脊索动物门，共771个科。书中总结了从门到科的各级分类阶元，并编撰了各级分类阶元的检索表。本书旨在引导海洋生物学者准确鉴别海洋生物，厘清各海洋底栖物种的分类学地位，统一国内海洋生物分类学名词术语，规范国内海洋底栖生物名称使用的科学性和准确性，为中国海洋生物资源的保护和可持续利用提供科学支持。

本书适合动物学、海洋生物学专业师生参考使用。

图书在版编目（CIP）数据

中国近海底栖动物分类体系 / 李新正，甘志彬主编 . —北京：科学出版社，2022.3

（中国近海底栖动物多样性丛书）

ISBN 978-7-03-071749-8

Ⅰ. ①中… Ⅱ. ①李… ②甘… Ⅲ. ①近海－底栖动物－动物分类学－中国 Ⅳ. ① Q958.8

中国版本图书馆 CIP 数据核字（2022）第 037771 号

责任编辑：李 悦 孙 青 / 责任校对：郑金红

责任印制：赵 博 / 封面制作：北京图阅盛世设计有限公司

科学出版社 出版

北京东黄城根北街 16 号

邮政编码：100717

http://www.sciencep.com

三河市春园印刷有限公司印刷

科学出版社发行 各地新华书店经销

*

2022 年 3 月第 一 版 开本：787 × 1092 1/16

2025 年 1 月第二次印刷 印张：10 1/2

字数：243 000

定价：180.00 元

（如有印装质量问题，我社负责调换）

“中国近海底栖动物多样性丛书”
编辑委员会

《中国近海底栖动物分类体系》
编辑委员会

丛 书 序

海洋底栖动物是海洋生物中种类最多、生态学关系最复杂的生态类群，包括大多数的海洋动物门类，在已有记录的海洋动物种类中，60% 以上是底栖动物。它们大多生活在有氧和有机质丰富的沉积物表层，是组成海洋食物网的重要环节。底栖动物对海底的生物扰动作用在沉积物 – 水界面生物地球化学过程研究中具有十分重要的科学意义。

海洋底栖动物区域性强，迁移能力弱，且可通过生物富集或生物降解等作用调节体内的污染物浓度，有些种类对污染物反应极为敏感，而有些种类则对污染物具有很强的耐受能力。因此，海洋底栖动物在海洋污染监测等方面具有良好的指示作用，是海洋环境监测和生态系统健康评估体系的重要指标。

海洋底栖动物与人类的关系也十分密切，一些底栖动物是重要的水产资源，经济价值高；有些种类又是医药和多种工业原料的宝贵资源；有些种类能促进污染物降解与转化，发挥环境修复作用；还有一些污损生物破坏水下设施，严重危害港务建设、交通航运等。因此，海洋底栖动物在海洋科学研究、环境监测与保护、保障海洋经济和社会发展中具有重要的地位与作用。

但目前对我国海洋底栖动物的研究步伐远跟不上我国社会经济的发展速度。尤其是近些年来，从事分类研究的老专家陆续退休或离世，生物分类研究队伍不断萎缩，人才青黄不接，严重影响了海洋底栖动物物种的准确鉴定。另外，缺乏规范的分类体系，无系统的底栖动物形态鉴定图谱和检索表等分类工具书，也造成种类鉴定不准确，甚至混乱。

在海洋公益性行业科研专项“我国近海常见底栖动物分类鉴定与信息提取及应用研究”的资助下，结合形态分类和分子生物学最新研究成果，笔者开展了我国近海常见底栖动物分类体系研究，并采用新鲜样品进行图像等信息的采集，编制完成了“中国近海底栖动物多样性丛书”，共 10 册，其中《中国近海底栖动物分类体系》1 册包含 18 个动物门 771 个科；《中国近海底栖动物常见种名录》1 册共收录了 18 个动物门 4583 个种；渤海（上下册）、黄海（上、下册）、东海（上、下册）和南海（上、中、下册）形态分类图谱分别包含了 12 门 152 科 258 种、13 门 221 科 485 种、12 门 230 科 523 种和 13 门 282 科 680 种。

在本丛书编写过程中，得到了项目咨询专家中国海洋大学张志南教授、浙江大学蔡如星教授和自然资源部第三海洋研究所林茂研究员的指导。中国科学院海洋研究所徐奎栋研究员、肖宁博士和张均龙博士，自然资源部第二海洋研究所刘镇盛研究员，自然资源部第三海洋研究所江锦祥研究员、郑凤武研究员和李荣冠研究员，自然资源部南海局张敬怀研究员，海南南海热带海洋研究所陈宏研究员审阅了书稿，并提出了宝贵意见，在此一并表示感谢。

同时本丛书得以出版与原国家海洋局科技司雷波司长和辛红梅副司长的支持分不开。在实施方案论证过程中，原国家海洋局相关业务司领导及评审专家提出了很多有益的意见和建议，笔者深表谢意！

在丛书编写过程中我们尽可能采用了 WoRMS 等最新资料，但由于有些门类的分类系统在不断更新，有些成果还未被吸纳进来，为了弥补不足，项目组注册并开通了“中国近海底栖动物数据库”，将不定期对相关研究成果进行在线更新。

虽然我们采取了十分严谨的态度，但限于业务水平和现有技术，书中仍不免会出现一些疏漏和不妥之处，诚恳希望得到国内外同行的批评指正，并请将相关意见与建议上传至“中国近海底栖动物数据库”，便于编写组及时更正。

“中国近海底栖动物多样性丛书”编辑委员会

2021 年 8 月 15 日于杭州

前　　言

海洋底栖动物，顾名思义，是指栖息在海底的海洋动物。海洋底栖环境复杂多样，深度、温度和底质等环境因素的差异造就了繁复多样的生物栖息环境，也因此孕育了门类繁多、种数庞大的底栖动物类群。从小到微米级的线虫到体长四五米的巨螯蟹，都包括在这一大生物类群中。世界范围内底栖生物预计超过 100 万种，大大超过水层中大型浮游动物（约 5000 种）、鱼类（约 20 000 种）和海洋哺乳动物（约 110 种）种类之和。从生态学意义上讲，底栖动物是海洋生态系统中重要的组成部分，在海洋生态系统物质和能量传递、生态系统平衡和稳定中起着重要的作用。

我国有 3.2 万 km 的海岸线，约 300 万 km^2 的海洋国土。近海生态系统类型复杂多样，海洋生物资源异常丰富，有力支撑和保障沿海经济的发展。中国近海底栖动物的多样性非常高，处在世界前列，造就了中国海洋底栖生物学研究蓬勃发展、百花齐放的大好局面。然而，要研究海洋底栖生物，首先要知道海洋生物的名称，如果不能对海洋生物进行准确的鉴定，就无法保证一系列下游生物学科，如海洋生态学、海水养殖、海洋生物药物和基因工程等研究工作的科学性，海洋生物资源的利用和保护更无从谈起，进而直接影响各项国家海洋政策的制定和海洋强国战略的实施。因此，我们需要有一个科学的和完整的海洋生物分类体系。

当前有关中国近海底栖动物分类体系的资料零散而不成系统，多专注于某一个生物门类或局限在某一个海域。本书参考了国内外最新的海洋底栖生物分类学和多样性研究成果，将之前零散的资料整合成一册，从分类上涵盖了中国近海绝大部分的底栖生物，共收录了 18 个门，罗列了从门到科的各级分类阶元，并编撰了各级分类阶元的检索表。本书旨在引导海洋生物学者准确鉴别海洋生物，厘清各海洋底栖物种的分类学地位，统一国内海洋生物分类学名词术语，规范国内海洋底栖生物名称使用的科学性和准确性，为中国海洋生物资源的保护和可持续利用提供科学支持。

本书在海洋公益性行业科研专项“我国近海常见底栖动物分类鉴定与信息提取及应用研究”（201505004）的资助下，由国内多家科研院校和研究所联合编撰完成。其中节肢动物门由中国科学院海洋研究所李新正研究员团队完成，环节动物门由自然资源部第一海洋研究所张学雷研究员团队完成，棘皮动物门由自然资源部第三海洋研究所王建军研究员团队完成，软体动物门由自然资源部第二海洋研究所寿鹿副研究员团队完成，多孔动物门由中国科学院海洋研究所龚琳博士完成，刺胞动物门由中国科学院海洋研究所李阳博士、厦门大学宋希坤博士等完成，其他门类由中国海洋大学周红教授、孙世春教授和曾晓起博士等共同完成。各团队在编撰过程中互有工作任务的交叉，在此不一一细表。博士研究生王雁，硕士研究生张悦、吴怡宏对本书稿的文字进行了校对，在此表示感谢。

由于编者能力和学术水平有限，本书疏漏和不足之处在所难免，恳请专家和读者批评指正。

李新正　甘志彬

2021年8月

目　　录

第一章　绪　　论

第一节　海洋底栖动物的概念

海洋底栖动物是在海底生活的所有动物的统称，包括从潮间带至深渊海底的沉积物表层与内部生活的各类群动物。底栖动物是海洋动物中种类最多、生态学关系最复杂的生态类群，生态学意义非常重要，在海洋生态系统能量流动和物质循环中有举足轻重的作用。海洋底栖环境复杂多样，深度、温度和底质等环境因素的差异造就了繁复多样的生物栖息环境，促使动物在形态构造和生活习性上产生了变异和复杂化。因此，底栖动物种类极为繁多，多样性异常丰富（据估计超过 100 万种），大大超过水层中大型浮游动物（约 5000 种）、鱼类（约 20 000 种）和海洋哺乳动物（约 110 种）种类之和。

第二节　底栖动物的生态类群划分

（一）按生活方式划分

底栖动物依据生活方式的不同，可划分为固着动物、周丛动物、底游动物、底埋动物、穴居动物、攀爬动物和钻蚀动物等。固着动物分布广泛，从潮上带浪击区到深海都有营固着生活的种类，常见的有多孔动物、刺胞动物、节肢动物甲壳类的藤壶、软体动物的瓣鳃类（如贻贝）、脊索动物的尾索类（如海鞘）等。周丛动物由覆盖在动植物、船舶、石块等物体上的一类营丛生生活的动物组成，大部分是固着生活，但也有许多能自由活动的种类。底游动物为在贴近海底游泳觅食栖底的动物。底埋动物主要包括环节动物多毛类、软体动物瓣鳃类、节肢动物甲壳类、腕足类和棘皮动物等类群。穴居动物在潮间带生物中占有很大比例，主要包括营穴居生活的甲壳类和部分软体动物。攀爬动物是指生活在海底基质表面的动物，主要有软体动物腹足类，棘皮动物的海胆、海参、海星和部分甲壳类等。钻蚀动物是指可以利用身体的特殊构造和功能，钻蚀坚硬的岩石或木材并生活在其钻蚀的管道内的底栖生物，又可分为钻蚀类（如甲壳动物中蔓足类的钻蚀藤壶、软体动物的海笥）和钻木类（如软体动物船蛆等）。

（二）按体型大小划分

底栖动物按大小可划分为三种类型：微型底栖动物、小型底栖动物和大型底栖动物。微型底栖动物（microfauna）是指分选时能通过 42 μm 孔径网筛的生物，主要是原生动物 Protozoa 等。小型底栖动物（meiofauna）是指分选时能通过 0.5 mm 孔径网筛而被 42 μm 孔径网筛留住的动物，主要类群包括自由生活的海洋线虫（free-living marine nematodes）、底栖桡足类（benthic copepods）、介形类 Ostracoda、涡虫 Turbellaria、腹毛虫 Gastrotricha、颚咽动物 Gnathostomulida、缓步动物 Tardigrada、须虾类 Mystacocarida

及螨类 Halacarida，也包括一部分原生动物，如有孔虫和纤毛虫。大型底栖动物（macrofauna）是指分选时能被孔径为 0.5 mm 网筛留住的底栖动物，主要包括刺胞动物、环节动物多毛类、软体动物、节肢动物甲壳类、棘皮动物、多孔动物和底栖鱼类几大类群。

（三）按食性和摄食方式划分

海洋底栖动物按食性和摄食方式可划分为 4 种类型：①滤食性动物，也称悬浮食性动物，它们依靠各种过滤器官滤取水体中的悬浮有机碎屑或微小生物，如许多的双壳类、甲壳类等；②沉积食性动物，也称碎屑食性动物，它们能摄食底表的有机碎屑，吞食沉积物，在消化道内摄取其中的有机物质，如某些双壳类、芋参、心形海胆等；③捕食性动物，它们捕食小型动物和动物幼体，如对虾、海葵等；④寄生性动物，它们吸取寄主体内的营养，多缺乏捕食器官。在海洋底栖动物中，以前三种类型食性和摄食方式为主。

另外，根据人们不同的研究目的和兴趣，海洋底栖动物生态类型还可以依据其他准则来划分。例如，按照生活沉积环境的不同，底栖动物还可划分为硬底质、软底质及砂质底质生活类群；按对氧气需求量的多少，底栖动物又可划分为好氧类群、厌氧类群等；按照与底质关系的不同，还可划分为底上动物（如藤壶等固着生活的动物）、底内动物（如多毛类、文昌鱼等埋身于软泥和砂质中的动物）和底游动物（如底栖鱼类和游泳性蟹类等）。

第三节　海洋底栖生物的分类系统

（一）分类系统建立的原理与方法

分类学是生物学研究的基础。不论是生物多样性研究、系统发育学研究、动物地理学研究，甚至是生理生态研究，准确而可靠的生物分类系统是其研究开展的框架保证。因此构建科学的现代海洋动物分类体系是一切海洋生物学研究的基础。

现代分类学自从林奈 18 世纪中叶开创以来，经过了漫长的发展过程。林奈在《自然系统》中将自然万物分为三界，界内包含 4 个分类阶元：纲、目、属、种。随着分类学的深入发展，在 19 世纪早期，分类学家又增加了门和科两个分类阶元，由此构建了最基础的现代分类体系的框架：界（Kingdom）、门（Phylum）、纲（Class）、目（Order）、科（Family）、属（Genus）、种（Species）。如今，随着更多的物种被发现，以及系统学和生物进化学的发展，学者们为了更加细致的分类，通常会在上述分类阶元的基础上增加一些附属阶元，如在前面加上总（super-）、亚（sub-）、下（infra-）等，端足目甲壳动物还增加了小目（Parvorder），某些海洋动物类群还会增加独立的分类阶元，如短尾蟹类中的派（Section）、端足目中的族（Tribe）等。

以甲壳动物中华蜾蠃蜚 *Sinocorophium sinensis* (Zhang, 1974) 和三疣梭子蟹 *Portunus* (*Portunus*) *trituberculatus* (Miers, 1876) 为例，其分类体系如表 1-1 所示。

表 1-1 中华蜾蠃蜚和三疣梭子蟹的分类地位

阶元	中华蜾蠃蜚	阶元	三疣梭子蟹
界 Kingdom	动物界 Animalia	界 Kingdom	动物界 Animalia
门 Phylum	节肢动物门 Arthropoda	门 Phylum	节肢动物门 Arthropoda
亚门 Subphylum	甲壳亚门 Crustacea	亚门 Subphylum	甲壳亚门 Crustacea
总纲 Superclass	多甲总纲 Multicrustacea	总纲 Superclass	多甲总纲 Multicrustacea
纲 Class	软甲纲 Malacostraca	纲 Class	软甲纲 Malacostraca
亚纲 Subclass	真软甲亚纲 Eumalacostraca	亚纲 Subclass	真软甲亚纲 Eumalacostraca
总目 Superorder	囊虾总目 Peracarida	总目 Superorder	真虾总目 Eucarida
目 Order	端足目 Amphipoda	目 Order	十足目 Decapoda
亚目 Suborder	棘尾亚目 Senticaudata	亚目 Suborder	腹胚亚目 Pleocyemata
下目 Infraorder	蜾蠃蜚下目 Corophiida	下目 Infraorder	短尾下目 Brachyura
小目 Parvorder	蜾蠃蜚小目 Corophiidira	派 Section	真短尾派 Eubrachyura
总科 Superfamily	蜾蠃蜚总科 Corophioidea	亚派 Subsection	异孔亚派 Heterotremata
科 Family	蜾蠃蜚科 Corophiidae	总科 Superfamily	梭子蟹总科 Portunoidea
亚科 Subfamily	蜾蠃蜚亚科 Corophiinae	科 Family	梭子蟹科 Portunidae
族 Tribe	蜾蠃蜚族 Tribe Corophiini	亚科 Subfamily	梭子蟹亚科 Portuninae
属 Genus	中华蜾蠃蜚属 *Sinocorophium*	属 Genus	梭子蟹属 *Portunus*
种 Species	中华蜾蠃蜚 *Sinocorophium sinensis*	亚属 Subgenus	梭子蟹亚属 *Portunus*
		种 Species	三疣梭子蟹 *Portunus* (*Portunus*) *trituberculatus*

（二）海洋底栖动物的分类系统概况

截止 2021 年，地球上现存的动物分类体系共包含 33 个门（WoRMS，2021，http://www.marinespecies.org），而海洋动物就涵盖了 32 个门，占总门类的 95% 以上；其中有 16 个门完全生活在海洋（包括河口半咸水和海蚀洞）环境中；另有 5 个门大部分物种分布在海洋中，只有少部分物种生活于淡水中；余下 12 个门既有海洋分布种类，又有陆地生活种类（包括两栖和寄生种类）。动物界分类体系中的门如表 1-2 所示。

表 1-2 动物界分门情况及海洋生物种数

动物门	栖息环境分布	海洋分布种数
棘头动物门 Acanthocephala	寄生，宿主为水生和陆生脊椎动物。海洋中主要寄生于鱼类、爬行类、哺乳类等	514
环节动物门 Annelida	包括海洋、淡水和陆生	13 463
节肢动物门 Arthropoda	包括海洋、淡水和陆生	57 749
腕足动物门 Brachiopoda	仅分布在海洋环境	414
苔藓动物门 Bryozoa	绝大部分生活在海洋环境，少部分生活在淡水环境	6 427
毛颚动物门 Chaetognatha	仅分布在海洋环境；浮游生活	132
脊索动物门 Chordata	包括海洋、淡水和陆生	24 108
刺胞动物门 Cnidaria	绝大部分生活在海洋环境，少部分生活在淡水环境	12 012

续表

动物门	栖息环境分布	海洋分布种数
栉水母动物门 Ctenophora	仅分布在海洋环境；浮游生活	205
微轮动物门 Cycliophora	仅分布在海洋环境	2
两胚动物门 Dicyemida	仅分布在海洋环境；寄生生活	122
棘皮动物门 Echinodermata	仅分布在海洋环境	7 500
内肛动物门 Entoprocta	绝大部分生活在海洋环境，少部分生活在淡水环境	197
腹毛动物门 Gastrotricha	海洋和淡水环境，极少部分半陆生	517
有颚动物门 Gnathifera	格陵兰北部的迪斯科岛地区的泉水里，无海洋生物物种	-
颚咽动物 Gnathostomulida	仅分布在海洋环境	100
半索动物门 Hemichordata	仅分布在海洋环境	132
动吻动物门 Kinorhyncha	仅分布在海洋环境	313
铠甲动物门 Loricifera	仅分布在海洋环境	31
软体动物门 Mollusca	包括海洋、淡水和陆生	50 167
线虫动物门 Nematoda	包括海洋、淡水和陆生，部分种类营寄生生活	6 443
线形动物门 Nematomorpha	多数生活于淡水，少数生活于陆地和海洋环境	5
纽形动物门 Nemertea	多数生活于海洋，少数分布在淡水和陆地环境	1 315
直泳动物门 Orthonectida	仅分布在海洋环境；寄生生活	25
帚形动物门 Phoronida	仅分布在海洋环境	13
扁盘动物门 Placozoa	仅分布在海洋环境	3
扁形动物门 Platyhelminthes	包括海洋、淡水和陆生，部分种类寄生	12 922
多孔动物门 Porifera	绝大部分生活在海洋环境，少部分生活在淡水环境	9 228
曳鳃动物门 Priapulida	仅分布在海洋环境	22
轮虫动物门 Rotifera	大多数淡水环境中生活，少部分生活在海洋和潮湿的陆地环境；浮游生活	182
星虫动物门 Sipuncula	仅分布在海洋环境	161
缓步动物门 Tardigrada	多数淡水和陆生，少部分种类分布在海洋环境中	216
异无肠动物门 Xenacoelomorpha	绝大部分生活在海洋环境，少部分生活在淡水环境	454
动物界 Animalia		205 094

注：* 参考 World Register of Marine Species (WoRMS, 2021) 网站统计。其中动吻动物门、铠甲动物门、曳鳃动物门由头吻动物门 Cephalorhyncha 拆分而来，但目前国际上并没有取得广泛共识，我们在下面章节的论述中保留头吻动物门；有爪动物门 Onychophora 的分类地位也有待进一步验证，此表暂不表述。

** 数据仅表示 WoRMS 网站收录的物种数量（不含化石种）。

在海洋动物所涵盖的32个门中，有三个门，即轮虫动物门、毛颚动物门和栉水母动物门，仅营浮游生活，无底栖生活物种。有三个门，即棘头动物门、直泳动物门和两胚动物门完全营寄生生活，无自由底栖生物物种。微轮动物门仅分布在欧洲海域。线形动物门无中国海域的分布记录。因此在本书中，仅介绍以下18个常见海洋底栖动物门（类）的分类系统：多孔动物门 Porifera、刺胞动物门 Cnidaria、扁形动物门 Platyhelminthes、纽形动物门 Nemertea、腹毛动物门 Gastrotricha、头吻动物门 Cephalorhyncha（含动吻动

物和曳鳃动物，详见第七章）、内肛动物门 Entoprocta、线虫动物门 Nematoda、环节动物门 Annelida、星虫动物门 Sipuncula、软体动物门 Mollusca、节肢动物门 Arthropoda、苔藓动物门 Bryozoa、腕足动物门 Brachiopoda、帚形动物门 Phoronida、棘皮动物门 Echinodermata、半索动物门 Hemichordata、脊索动物门 Chordata。

参考文献

黄宗国 . 2008. 中国海洋生物种类与分布（增订版）. 北京 : 海洋出版社 : 1191.

李新正 , 刘录三 , 李宝泉 , 等 . 2010. 中国海洋大型底栖生物 : 研究与实践 . 北京 : 海洋出版社 : 378.

刘瑞玉 . 2008. 中国海洋生物名录 . 北京 : 科学出版社 : 1267.

Ruggiero M A, Gordon D P, Orrell T M, et al. 2015. Correction: A higher level classification of all living organisms. PLoS One, 10(6): e0130114.

第二章　多孔动物门 Porifera

第一节　多孔动物门概述

多孔动物门 Porifera，又名海绵动物门 Spongia，是较为低等的后生动物。体壁有许多小孔，含骨针和特殊的领细胞。多孔动物没有器官系统和明确的组织，一般由两层联系松散的细胞组成体壁，体壁围绕中央的原腔构成整体。其细胞已初步分化为几种不同功能的“组织”，但“组织”中细胞与细胞之间并没有严密的关系。多孔动物没有功能专一分化的消化、排泄和呼吸等器官，其生理过程都是由各种细胞和水流接触时各自直接进行，它的排泄物直接排到水流中。多孔动物的生殖方式可分为无性生殖和有性生殖。无性生殖又可分为出芽和芽球两种形式。有性生殖时，精子起源于领细胞，而卵细胞在多数种类中由原细胞形成，少数种类由去分化的领细胞形成。

多孔动物能适应各种生活环境，从淡水到海水，从热带海域到两极区域，从浅海到深海海沟均有分布。据估计，全世界至少有 15 000 种多孔动物，本门动物 WoRMS 网站收录 9000 多种（表 1-2）。目前普遍将多孔动物分为 4 个纲，即钙质海绵纲 Calcarea、寻常海绵纲 Demospongiae、六放海绵纲 Hexactinellida、同骨海绵纲 Homoscleromorpha。除寻常海绵纲下的少数种生活在淡水中外，其余的种均分布于海洋中。

第二节　中国近海多孔动物门代表类群分类系统

中国近海常见多孔动物门动物共包括 3 纲 8 目 9 科，其分类体系如下：

多孔动物门 Porifera
- 钙质海绵纲 Calcarea
    - 白枝海绵目 Leucosolenida
        - 毛壶科 Grantiidae Dendy, 1892
- 六放海绵纲 Hexactinellida
    - 双盘海绵亚纲 Amphidiscophora
        - 双盘海绵目 Amphidiscosida
            - 围线海绵科 Pheronematidae Gray, 1870
- 寻常海绵纲 Demospongiae
    - 角质海绵亚纲 Keratosa
        - 网角海绵目 Dictyoceratida
            - 角骨海绵科 Spongiidae Gray, 1867
    - 异骨海绵亚纲 Heteroscleromorpha
        - 繁骨海绵目 Poecilosclerida

山海绵科 Mycalidae Lundbeck, 1905
苔海绵科 Tedaniidae Ridley & Dendy, 1886
皮海绵目 Suberitida
皮海绵科 Suberitidae Schmidt, 1870
四放海绵目 Tetractinellida
滑棒海绵科 Vulcanellidae Cárdenas, Xavier, Reveillaud, Schander & Rapp, 2011
荔枝海绵目 Tethyida
荔枝海绵科 Tethyidae Gray, 1848
穿孔海绵目 Clionaida
穿孔海绵科 Clionaidae d'Orbigny, 1851

第三节　中国近海多孔动物门常见类群分类检索表

一、纲级阶元检索表

中国近海常见多孔动物门 Porifera 分纲检索表

1. 骨针为钙质……………………………………………………钙质海绵纲 Calcarea
– 骨针为硅质……………………………………………………………………2
2. 含六辐骨针，大骨针为四辐骨针、五辐骨针或六辐骨针 ………………六放海绵纲 Hexactinellida
– 大骨针为单轴骨针、四轴骨针或不含矿质骨骼 …………………寻常海绵纲 Demospongiae 3
3. 大骨针为单轴骨针或四轴骨针 ………………………………异骨海绵亚纲 Heteroscleromorpha
– 不含矿质骨骼……………………………………………………角质海绵亚纲 Keratosa

二、异骨海绵亚纲检索表

异骨海绵亚纲 Heteroscleromorpha 分科检索表

1. 有寄居蟹共生，含小棒状小骨针 ………………………… 皮海绵科 Suberitidae Schmidt, 1870
– 无寄居蟹共生，不含小棒状小骨针 ……………………………………………………2
2. 大骨针含四轴骨针……………………………………………………………………
………………………… 滑棒海绵科 Vulcanellidae Cárdenas, Xavier, Reveillaud, Schander & Rapp, 2011
– 大骨针为单轴骨针………………………………………………………………………3
3. 含爪状小骨针……………………………………………………………………………4
– 不含爪状小骨针…………………………………………………………………………5
4. 含尖爪形骨针………………………………………… 苔海绵科 Tedaniidae Ridley & Dendy, 1886
– 含掌形爪状骨针………………………………………… 山海绵科 Mycalidae Lundbeck, 1905
5. 含星形小骨针…………………………………………… 荔枝海绵科 Tethyidae Gray, 1848
– 小骨针缺失或含旋星骨针 ………………………………穿孔海绵科 Clionaidae d'Orbigny, 1851

参考文献

刘瑞玉 . 2008. 中国海洋生物名录 . 北京 : 科学出版社 : 1267.

Austin W C, Ott B S, Reiswig H M, et al. 2014. Taxonomic review of Hadromerida (Porifera, Demospongiae) from British Columbia, Canada, and adjacent waters, with the description of nine new species. Zootaxa, 3823(1): 1-84.

Burton M. 1930. Norwegian sponges from the Norman collection. Proceedings of the Zoological Society of London, (2): 487-546.

Burton M. 1956. The sponges of West Africa. Atlantide Report (Scientific Results of the Danish Expedition to the Coasts of Tropical West Africa, 1945-1946), 4: 111-147.

Hooper J N A, Soest R W M V. 2002. Systema porifera: A guide to the classification of sponges. Bolletino Di Museo E Istituto Di Biologia Delluniversita Di Genova, 18(2): 1-1810.

Rosell D, Uriz M J. 2002. Excavating and endolithic sponge species (Porifera) from the Mediterranean: Species descriptions and identification key. Organisms, Diversity & Evolution, 2: 55-86.

Van Soest R W M. 2001. Porifera. *In*: Costello M J, Emblow C, White R J. European Register of Marine Species: A Check-list of the Marine Species in Europe and a Bibliography of Guides to Their Identification. Paris: Collection Patrimoines Naturels.

第三章　刺胞动物门 Cnidaria

第一节　刺胞动物门概述

刺胞动物门 Cnidaria 动物因其体内具特殊的刺细胞而得名，又因具体壁包围的袋囊状“腔肠”也被称为腔肠动物门 Coelenterata。常见的刺胞动物有水螅、水母、海葵、珊瑚等。刺胞动物外形一般呈管状或伞形，为一端开口另一端封闭的囊袋样动物。多为辐射对称或近似辐射对称，单体或群体。刺胞动物发育过程中通常具有水螅体（polyp/hydroid）和水母体（medusa）两种类型的个体阶段，分别适应于水底固着或水层浮游生活，有的物种，如管水母类还具多态现象。刺胞动物体壁自外向内由皮层（外胚层来源）、中胶层（主要由胶质组成）和胃层（内胚层来源）组成。体壁包围的空腔为消化循环腔或称腔肠（coelenteron），具消化和循环之功能，空腔仅具一个开口与外界联通（口兼肛门）。刺胞动物体内的刺细胞非常特殊，内含刺丝囊，可放射有毒的刺丝，行防御、攻击的功能。部分刺胞动物具几丁质（如薮枝螅）或钙质（如石珊瑚）的外骨骼。无专门的呼吸和排泄器官，靠扩散行气体交换、排除代谢废物。刺胞动物具网状或散漫式神经系统，神经中枢不明显。有性生殖过程中多经过一个两侧对称、有纤毛、前端钝、浮游生活的浮浪幼虫（planula）时期。生活史中常有世代交替，即水母型个体有性生殖产生水螅型个体，水螅型个体无性生殖产生水母型个体。此外，刺胞动物通常具有较强的再生能力。

刺胞动物多数生活于海水，少数见于淡水。据估计，全世界有 12 000 余种（表 1-2）。其目前被分为 6 个纲，即水螅纲 Hydrozoa、钵水母纲 Scyphozoa、立方水母纲 Cubozoa、珊瑚虫纲 Anthozoa、柄水母纲 Staurozoa 和粘体纲 Myxozoa。其中，粘体纲过去归属于原生动物，全部营寄生生活。

第二节　中国近海刺胞动物门代表性底栖类群分类系统

中国近海常见刺胞动物门动物包括 2 纲 5 目 23 科，其分类体系如下：

刺胞动物门 Cnidaria

水螅纲 Hydrozoa

　被鞘螅目 Leptothecata

　　钟螅科 Campanulariidae Johnston, 1836

　　羽螅科 Plumulariidae McCrady, 1859

　　小桧叶螅科 Sertularellidae Maronna et al., 2016

　　桧叶螅科 Sertulariidae Lamouroux, 1812

　　辫螅科 Symplectoscyphidae Maronna et al., 2016

花裸螅目 Anthoathecata

筒螅水母科 Tubulariidae Goldfuss, 1818

珊瑚虫纲 Anthozoa

海鳃目 Pennatulacea

棒海鳃科 Veretillidae Herklots, 1858

沙箸海鳃科 Virgulariidae Verrill, 1868

海葵目 Actiniaria

海葵科 Actiniidae Rafinesque, 1815

山醒海葵科 Andvakiidae Danielssen, 1890

矶海葵科 Diadumenidae Stephenson, 1920

滨海葵科 Halcampactinidae Carlgren, 1921

蠕形海葵科 Halcampoididae Appellöf, 1896

链索海葵科 Hormathiidae Carlgren, 1932

细指海葵科 Metridiidae Carlgren, 1893

列指海葵科 Stichodactylidae Andres, 1883

石珊瑚目 Scleractinia

鹿角珊瑚科 Acroporidae Verrill, 1902

菌珊瑚科 Agariciidae Gray, 1847

木珊瑚科 Dendrophylliidae Gray, 1847

真叶珊瑚科 Euphylliidae Milne Edwards & Haime, 1857

裸肋珊瑚科 Merulinidae Verrill, 1865

杯形珊瑚科 Pocilloporidae Gray, 1840

滨珊瑚科 Poritidae Gray, 1840

第三节　中国近海刺胞动物门代表性底栖类群检索表

水螅纲 Hydrozoa 分科检索表

1. 螅芽具芽鞘……………………………………………………………………………………… 2
– 螅芽不具芽鞘……………………………………………筒螅水母科 Tubulariidae Goldfuss, 1818
2. 芽鞘具柄，边缘锯齿状、无盖 ………………………………钟螅科 Campanulariidae Johnston, 1836
– 芽鞘不具柄……………………………………………………………………………………… 3
3. 芽鞘着生于螅茎和螅枝单侧 ……………………………………羽螅科 Plumulariidae McCrady, 1859
– 芽鞘着生于两侧或多侧…………………………………………………………………………… 4
4. 芽鞘边缘具 4 齿、4 盖 ………………………………小桧叶螅科 Sertularellidae Maronna et al., 2016
– 芽鞘边缘具 2 齿、2 盖或 3 齿、3 盖 ……………………………………………………………… 5
5. 芽鞘边缘具 2 齿、2 盖 ………………………………………桧叶螅科 Sertulariidae Lamouroux, 1812
– 芽鞘边缘具 3 齿、3 盖 ………………………………辫螅科 Symplectoscyphidae Maronna et al., 2016

海葵目 Actiniaria 分科检索表

1. 隔膜上无枪丝着生……………………………………………………………………………………… 2
- 隔膜上有枪丝着生……………………………………………………………………………………… 4
2. 海葵体延长，蠕虫状；具足节 ………………………………蠕形海葵科 Halcampoididae Appellöf, 1896
- 海葵体圆柱状或扁盘状；具基部或足盘 ……………………………………………………………… 3
3. 触手正常大小，按轮次排列，每个内腔或外腔对应一个触手 …… 海葵科 Actiniidae Rafinesque, 1815
- 触手短，放射排列，每个内腔对应一列至多列触手 ……… 列指海葵科 Stichodactylidae Andres, 1883
4. 无基部肌………………………………………………………………………………………………… 5
- 具基部肌………………………………………………………………………………………………… 6
5. 隔膜分大小…………………………………………………滨海葵科 Halcampactinidae Carlgren, 1921
- 隔膜不分大小………………………………………………山醒海葵科 Andvakiidae Danielssen, 1890
6. 枪丝含基刺囊…………………………………………………………………………………………… 7
- 枪丝不含基刺囊……………………………………………… 细指海葵科 Metridiidae Carlgren, 1893
7. 枪丝仅含基刺囊……………………………………………… 链索海葵科 Hormathiidae Carlgren, 1932
- 枪丝含基刺囊和短杆 P 形管刺囊 …………………………矶海葵科 Diadumenidae Stephenson, 1920

石珊瑚目 Scleractinia 分科检索表

1. 隔片由相当少小梁（或羽榍 trabeculae）组成，群体占多数；大多数珊瑚体小（直径小于 2 mm）…… 2
- 隔片由众多小梁组成；大多数珊瑚体大（直径大于 2 mm）……………………………………………… 3
2. 珊瑚杯内没有轴柱…………………………………………… 鹿角珊瑚科 Acroporidae Verrill, 1902
- 珊瑚杯内有轴柱………………………………………………杯形珊瑚科 Pocilloporidae Gray, 1840
3. 轴柱缺失或发育不完全………………………………………………………………………………… 4
- 珊瑚杯有轴柱…………………………………………………………………………………………… 5
4. 隔片突出………………………………… 真叶珊瑚科 Euphylliidae Milne Edwards & Haime, 1857
- 隔片不突出………………………………………………………… 菌珊瑚科 Agariciidae Gray, 1847
5. 多数无围栅瓣…………………………………………………裸肋珊瑚科 Merulinidae Verrill, 1865
- 多数有围栅瓣…………………………………………………………………………………………… 6
6. 珊瑚体之间由少量共骨连接 …………………………………………… 滨珊瑚科 Poritidae Gray, 1840
- 珊瑚体之间的共骨多孔，且隔片按 Pourtalés 方式排列………… 木珊瑚科 Dendrophylliidae Gray, 1847

参考文献

黄宗国，陈小银. 2012a. 群体海葵目 Zoanthidea 海葵目 Actiniaria 角海葵目 Ceriantharia. 见：黄宗国，林茂. 中国海洋物种和图集（上卷）：中国海洋物种多样性. 北京：海洋出版社：324-328.

黄宗国，陈小银. 2012b. 海鳃目 Pennatulacea. 见：黄宗国，林茂. 中国海洋物种和图集（上卷）：中国海洋物种多样性. 北京：海洋出版社：354-355.

李新正，王洪法，等. 2016. 胶州湾大型底栖生物鉴定图谱. 北京：科学出版社：365.

李阳. 2013. 中国海海葵目（刺胞动物门：珊瑚虫纲）种类组成与区系特点研究. 北京：中国科学院大学博士研究生学位论文：166.

裴祖南. 1998. 中国动物志：无脊椎动物 第十六卷 珊瑚虫纲 海葵目 角海葵目 群体海葵目. 北京：科学出版社：286.

唐质灿. 2008. 角珊瑚纲 Ceriantipatharia 八放珊瑚纲 Octocorallia. 见：刘瑞玉. 中国海洋生物名录. 北京：科学出版社：332-346.

唐质灿，高尚武. 2008. 水母亚门 Medusozoa. 见：刘瑞玉. 中国海洋生物名录. 北京：科学出版社：301-332.

杨德渐，王永良，等. 1996. 中国北部海洋无脊椎动物. 北京：高等教育出版社：538.

Carlgren O. 1949. A survey of the Ptychodactaria, Corallimorpharia, and Actiniaria. Kungliga Svenska Vetenskapsakadamiens Handlingar, 1(1): 1-121.

Daly M, Brugler M R, Cartwright P, et al. 2007. The phylum Cnidaria: A review of phylogenetic patterns and diversity 300 years after Linnaeus. Zootaxa, 1668: 127-182.

Den Hartog J C, Vennam J. 1993. Some Actiniaria (Cnidaria: Anthozoa) from the west coast of India. Zoologische Mededelingen, Leiden, 67 (42): 601-637.

Li Y, Liu J Y. 2012. *Aulactinia sinensis*, a new species of sea anemone (Cnidaria: Anthozoa: Actiniaria) from Yellow Sea. Zootaxa, 3476: 62-68.

Li Y, Liu J Y, Xu K. 2013. *Phytocoetes sinensis* n. sp. and *Telmatactis clavata* (Stimpson, 1855), two poorly known species of Metridioidea (Cnidaria: Anthozoa: Actiniaria) from Chinese waters. Zootaxa, 3637 (2): 113-122.

第四章　扁形动物门 Platyhelminthes

第一节　扁形动物门概述

扁形动物门 Platyhelminthes 动物是一类两侧对称、背腹扁平、其三胚层、无体腔、不分节、具不完全消化管的蠕虫状动物。因其身体背腹扁平而得名。扁形动物两侧对称的体质使身体明显分化为前后、左右和背腹 6 个方位，机能上出现了明显的分化。背面具保护作用，腹面可运动和摄食。体壁由外胚层形成的表皮和中胚层形成的多层肌肉（包括环肌层、斜肌层和纵肌层）紧贴在一起组成，包裹身体，称为“皮肤肌肉囊”。出现了由口、咽和肠组成的独立消化系统，但由于没有单独的肛门，故称为不完全消化管。扁形动物具有原始的排泄系统（原肾），由焰细胞、原肾管（排泄管）和原肾孔（排泄孔）组成。神经系统具原始的中枢，包括脑神经节、纵神经索和横神经连索，被称为梯式神经系统。扁形动物大多数为雌雄同体，一般进行异体交配和体内受精。淡水涡虫常直接发育；海产涡虫常间接发育，具浮游生活的戈特氏幼虫（Gotte’s larva）或牟勒氏幼虫（Müller’s larva）期。寄生类扁形动物，如吸虫和绦虫常具复杂的生活史，多经过数个虫期及宿主转换。此外，有些涡虫具有很强的再生能力，可通过身体的断裂再生进行无性生殖。

扁形动物分布广，生活方式多样。全世界约 25 000 种，目前分为链涡亚门 Catenulida 和有杆亚门 Rhabditophora。其中，链涡亚门自由生活；有杆亚门包含自由生活的涡虫类（并系群）和寄生生活的单殖纲 Monogenea、吸虫纲 Trematoda 和绦虫纲 Cestoda。我国沿海报道的底栖涡虫多属于有杆亚门。

大部分涡虫个体较小，背腹扁平。背部多具有保护色，腹面具有纤毛，表皮层有腺细胞和杆状体。神经系统和感觉器官较为发达，能迅速对外界刺激，特别是水流、光线和食物等做出反应。感觉器官包括眼、耳突、触角和平衡囊等。涡虫类本门动物 WoRMS 网站收录 12 000 余种（表 1-2），在海水、淡水或潮湿的陆地均有分布，绝大多数为自由生活的肉食性动物，也有少数在其他无脊椎动物的体表或体内寄生，或共栖生活。多数涡虫生活于海洋，是海洋小型底栖生物的重要成员。因其具有较高的丰度，成为营养层级中重要的能量传递结点，在小型底栖食物网中有着重要的作用。

第二节　中国近海扁形动物门代表类群分类系统

中国近海常见扁形动物门动物共包括 3 目 8 科，其分类体系如下：

扁形动物门 Platyhelminthes

　有杆亚门 Rhabditophora

　　多肠目 Polycladida

　　　泥平科 Ilyplanidae Faubel, 1983

背涡科 Notocomplanidae Litvaitis, Bolaños & Quiroga, 2019
平角科 Planoceridae Lang, 1884
伪角科 Pseudocerotidae Lang, 1884
伪柄科 Pseudostylochidae Faubel, 1983
柄涡科 Stylochidae Stimpson, 1857
原卵黄目 Prolecithophora
伪口科 Pseudostomidae Graff, 1904-1908
三肠目 Tricladida
宫孔科 Geoplanidae Stimpson, 1857

参考文献

揭维邦，郭世杰 . 2015. 海洋舞者——台湾的多歧肠海扁虫 . 屏东：海洋生物博物馆：112.

马柳安，容粗偟，汪安泰 . 2014. 中国涡虫一新纪录科肠口涡虫属一新纪录种格氏肠口涡虫（原卵黄目，柱口科）. 动物学杂志，49(2): 244-252.

杨德渐，王永良，等 . 1996. 中国北部海洋无脊椎动物 . 北京：高等教育出版社：538.

俞安祺，汪安泰，赖晓婷 . 2013. 中国涡虫一新纪录科宫孔科米罗涡虫属一新种（扁形动物门，三肠目）. 动物分类学报，38(2): 257-266.

张士璀，何建国，孙世春，等 . 2007. 海洋生物学 . 青岛：中国海洋大学出版社：410.

Giere O. 2009. Meiobenthology. Heidelberg: Springer: 327.

Litvaitis M K, Bolaños D M, Quiroga S Y. 2019. Systematic congruence in Polycladida (Platyhelminthes, Rhabditophora): Are DNA and morphology telling the same story ? Zoological Journal of the Linnean Society, 186: 865-891.

Oya Y, Kajihara H. 2017. Description of a new *Notocomplana* species (Platyhelminthes: Acotylea), new combination and new records of Polycladida from the northeastern Sea of Japan, with a comparison of two different barcoding markers. Zootaxa, 4282 (3): 526-542.

第五章　纽形动物门 Nemertea

第一节　纽形动物门概述

纽形动物门 Nemertea 也称吻腔动物门 Rhynchocoela，是一类具吻和吻腔的蠕虫状无脊椎动物，俗称纽虫、缎带蠕虫（ribbon worm）、吻蠕虫（proboscis worm）等。纽虫一般体形纤细，常背腹略扁平，且具很强的伸缩力。体型差异很大，小者仅数毫米，多数体长不超过 20 cm。长纵沟纽虫 *Lineus longissimus* 的最大体长可达 60 m 以上，是已知最长的现生动物。体壁由表皮、真皮（基膜）和体壁肌组成。表皮具纤毛，肌层的排列复杂，是重要的分类依据。位于消化道背方的吻器是纽形动物特有的构造，包括吻、吻孔、吻道和吻腔。吻道是通过体前端吻孔向外开口的管腔。吻腔是肠背方向后延伸的腔，其壁也称为吻鞘。吻为长的肌肉质器官，蜷缩于充满液体的吻腔中，前端着生于吻道和吻腔的接合部（吻附着）。无针纽虫的吻道前端具独立的吻孔，有针纽虫的吻道前端与食道合并，因而吻孔和口合一。有针类纽虫的吻还具有吻针和针座。吻的主要功能是摄食和防御，可爆发式地由吻孔中翻出。消化管简单，两端贯通。具闭管式血管系统，简单者肠的两侧各具一条纵行的侧血管，在前端由头血隙或头血管回路连通，有的种类在吻腔和肠之间还具有一条中背血管。无专门的呼吸器官。多数纽虫具原肾型排泄系统。神经系统主要由脑神经节和一对侧神经索组成。感觉器官多位于体前端，包括表皮窝、眼、头裂、头沟、脑感器、额器等。多数纽虫为雌雄异体。胚后发育具帽状纽虫（pilidium larva）或拟浮浪幼虫（planuliform larva）。此外，部分纽虫具有很强的再生能力，有的甚至以断裂再生为主要生殖方式。

纽形动物见于从北极到南极的世界各地。多数生活于海洋中，大多底栖，少数深海浮游，也有少数种类生活于淡水或潮湿的陆地。绝大多数纽虫自由生活，但也有少数营共栖或寄生生活。本门 WoRMS 网站收录 1300 余种（表 1-2），目前分为古纽纲 Palaeonemertea、帽幼纲 Pilidiophora 和针纽纲 Hoplonemertea 三纲。较低级阶元的分类系统尚缺乏共识。

第二节　中国近海纽形动物门代表性底栖类群分类系统

中国近海常见纽形动物门动物共包括 3 纲 10 科，其分类体系如下：

纽形动物门 Nemertea

　古纽纲 Palaeonemertea

　　细首科 Cephalotrichidae McIntosh, 1874

管栖科 Tubulanidae Bürger, 1905

帽幼纲 Pilidiophora

异纽目 Heteronemertea

纵沟科 Lineidae McIntosh, 1874

枝吻科 Polybrachiorhynchidae Gibson, 1985

壮体科 Valenciniidae Hubrecht, 1879

针纽纲 Hoplonemertea

单针目 Monostilifera

强纽科 Cratenemertidae Friedrich, 1968

卷曲科 Emplectonematidae Bürger, 1904

耳盲科 Ototyphlonemertidae Coe, 1940

笑纽科 Prosorhochmidae Bürger, 1895

四眼科 Tetrastemmatidae Hubrecht, 1879

参考文献

孙世春 . 2008. 纽形动物门 Nemertea. 见：刘瑞玉 . 中国海洋生物名录 . 北京：科学出版社：388-392.

孙世春，许苹 . 2018. 中国沿海首次发现耳盲属（有针纲：单针目：耳盲科）间隙纽虫 . 动物学杂志，53(2): 249-254.

Gibson R. 1972. Nemerteans. London: Hutchinson University Library: 224.

Gittenberger A, Schipper C. 2008. Long live Linnaeus, *Lineus longissimus* (Gunnerus, 1770) (Vermes: Nemertea: Anopla: Heteronemertea: Lineidae), the longest animal worldwide and its relatives occurring in The Netherlands. Zoologische Mededelingen, 82: 59-63.

Kajihara H, Chernyshev A V, Sun S-C, et al. 2008. Checklist of nemertean genera and species published between 1995 and 2007. Species Diversity, 13(4): 245-274.

Maslakova S A. 2010. The invention of the pilidium larva in an otherwise perfectly good spiralian phylum Nemertea. Integrative and Comparative Biology, 50(5): 734-743.

Strand M, Norenburg J, Alfaya J E, et al. 2019. Nemertean taxonomy - implementing changes in the higher ranks, dismissing Anopla and Enopla. Zoologica Scripta, 48:118-119.

第六章　腹毛动物门 Gastrotricha

腹毛动物门 Gastrotricha 目前世界已描述的物种为 700 余种（WoRMS 网站收录 500 余种，表 1-2），隶属 2 目 15 科。大趾虫目 Macrodasyida 包括 250 个相对原始的种类，但海洋种类具有雌雄同体的有性繁殖，其体前有数量很多的触管，体侧和尾部呈对称排列。代表种有大趾虫属 *Macrodasys*、尾趾虫属 *Urodasys* 及 *Turbanella* 属。鼬虫目 Chaetonotida 包括大约 450 种，大部分为淡水种，只有几个海洋和半咸水种。其角皮上有明显的刺状或碎石状雕刻，常有一圈围口刚毛环。在分叉的趾上只有一对触觉腺。多数种为孤雌生殖，但雌雄同体也常见。代表种为鼬虫属 *Chaetonotus*。该门动物分类鉴定的主要依据是尾叉的形状、鳞的排列和形状、体表面的刺和毛，以及触管的位置和辐射状咽肌的结构。腹毛动物，因其具有多层的角皮结构，可能是蜕皮动物 Ecdysozoa 中环神经动物 Cycloneuralia 的同源姐妹群，但也有人认为它们与扁形动物亲缘关系更近。

中国海洋腹毛动物门动物的研究有待开展，目前仅记录 1 科。

腹毛动物门 Gastrotricha

　大趾虫目 Macrodasyida

　　大趾虫科 Macrodasyidae Remane, 1924

参考文献

黄宗国 . 2012. 腹毛动物门 Gastrotricha. 见 : 黄宗国 , 林茂 . 中国海洋物种和图集（上卷）: 中国海洋物种多样性 . 北京 : 海洋出版社 : 274-275.

Remane A. 1926. Morphologie und Verwandtschaftsbeziehungen der aberranten Gastrotrichen. Zeitschrift für Morphologie und Ökologie der Tiere: 625-754.

第七章　头吻动物门 Cephalorhyncha

第一节　头吻动物门概述

头吻动物门 Cephalorhyncha 是蜕皮动物 Ecdysozoa 的一类，因身体前端具吻而得名，又因前端生有耙棘（scalid），也称为耙棘动物门 Scalidophora。体型变化较大，小者约 0.2 mm，最大者近 400 mm。身体由前部的翻吻和其后的躯干构成。翻吻的伸缩由内、外收缩肌控制，翻吻表面具齿状或钩状耙棘。体表具角皮（角质膜），发育过程中具蜕皮现象。中枢神经环状，围绕消化道前部。普遍具有毛丛感觉器（flosculi）。

头吻动物全部生活于海洋中，从北极到南极、从潮间带到 8000 m 深海都有它们的踪迹，少数种亦可侵入河口区。多见于泥沙中，部分类群是典型的沙隙动物，也有的与海藻或其他无脊椎动物生活在一起。已知 200 多种。头吻动物门 Cephalorhyncha 建立之初包括了动吻纲 Kinorhyncha、铠甲纲 Loricifera、曳鳃虫纲 Priapulida 3 个纲（Malakhov，1980）。此后这一分类体系也一直被沿用，但随着研究的不断开展，也有部分证据表明可将动吻纲、铠甲纲和曳鳃虫纲升级为 3 个独立的动物门。近年来，WoRMS 网站将动吻纲、铠甲纲和曳鳃虫纲分别提升至门级阶元（表 1-2）。然而鉴于国际上对头吻动物类的分类地位并没有取得广泛共识，而我国对这一门类的研究相对薄弱，我们仍采用传统的头吻动物门分类体系，即 Malakhov（1980）提出的分类体系。根据这一分类体系我国海域有曳鳃虫纲和动吻纲的分布记录。

曳鳃动物，因形似雄性动物的生殖器而得名。中文、日文取名“曳鳃动物”可能与其“鳃”拖曳于躯干部后端有关。身体呈圆柱状或黄瓜状，由前部的翻吻和后部的躯干部（腹部）组成。翻吻具纵排的吻齿或耙棘，可缩入躯干。躯干表面具突起和环轮。有的种类后部具 1 ～ 2 个尾附器，上具许多短而中空的盲囊，可能具气体交换和化学感觉功能。体壁由角质膜、表皮、环肌层和纵肌层组成，角质膜可随动物生长而周期性蜕皮。体腔宽大，充满液体，兼具循环系统功能，又是支撑身体的流体骨骼。消化道直管式，口位于前端。咽肌肉质，内衬角质膜和特化的吻（咽）齿。中肠具环肌和纵肌。直肠衬有角质膜，肛门位于躯干部后端。神经系统具围咽神经环、一条位于腹中部的纵神经索和直肠神经节。排泄器官为原肾，具许多单纤毛的端细胞，后端与生殖系统合并，统称泌尿生殖系统，尿生殖孔位于躯干部后端。雌雄异体，体外或体内受精。直接发育，幼体具翻吻和角质膜加厚的兜甲（成体消失）。曳鳃动物全部海生，多见于浅海，常穴居于泥沙中，有些种类可生活于缺氧的沉积物中。已知现生种仅 22 种，隶属于 4 目 5 科。

动吻动物包括 3 目 12 科，世界已描述的海洋种类有 300 余种（表 1-2）。到目前为止，我国只在黄海报道了 1 个新记录种，即棘皮虫 *Echinoderes tchefouensis* Lou, 1934 以及 4 个新种（Sørensen et al.，2012）。

第二节　中国近海头吻动物门代表类群分类系统

中国近海常见头吻动物门动物分类体系如下：

头吻动物门 Cephalorhyncha

　曳鳃虫纲 Priapulida

　　曳鳃目 Priapulomorpha

　　　曳鳃科 Priapulidae Gosse, 1855

　动吻纲 Kinorhyncha

　　棘皮虫目 Echinorhagata

　　　棘皮虫科 Echinoderidae Carus, 1885

参考文献

杨德渐，王永良，等. 1996. 中国北部海洋无脊椎动物. 北京：高等教育出版社：538.

张志南. 2012. 曳鳃动物门 Priapulida. 见：黄宗国，林茂. 中国海洋物种和图集（上卷）：中国海洋物种多样性. 北京：海洋出版社：439.

Malakhov V V. 1980. Cephalorhyncha, a new animal phylum uniting Priapulida, Kinorhyncha, Gordiacea, and a system of Aschelminthes worms. Zoologichesky Zhurnal, 59(4): 485-499.

Sørensen M V, Rho H S, Min W G, et al. 2012. An exploration of *Echinoderes* (Kinorhyncha: Cyclorhagida) in Korean and neighboring waters, with the description of four new species and a redescription of *E. tchefouensis* Lou, 1934. Zootaxa, 3368: 161-196.

第八章　内肛动物门 Entoprocta

第一节　内肛动物门概述

内肛动物门 Entoprocta 因肛门位于触手冠内而得名，也称曲形动物门 Kamptozoa。单体或群体生活，外形和习性似苔藓动物。个体形似高脚杯，由萼和柄部组成，呈萼球形或钟状。顶端具由 8 ～ 36 个触手组成的触手冠，是滤食器官。触手能内卷但不能缩入萼的内部。萼部被触手包绕的区域称前庭，体内具内脏和神经节。消化道呈 U 形，由口、食道、胃、直肠和肛门组成，口和肛门位于触手冠内。原肾 2 个，位于食道周围。食道、胃和肠之间具 1 个两叶的神经节。生殖腺成对，生殖孔位于前庭内。柄基部为盘状的基盘或为向水平方向蔓延的匍匐茎。除触手和前庭外，虫体被薄的角质膜包被。雌雄异体，或雌雄同体但雄性先熟。体内受精，受精卵在生殖孔和肛门间的育儿囊中发育。幼虫具纤毛，似担轮幼虫。出芽生殖非常普遍，并由此无性生殖形成群体。

本门动物 WoRMS 网站收录 197 种（表 1-2），除 2 个淡水种外，皆为海生，自潮间带至 500 m 深的海底均有发现。绝大多数固着生活，少数单体生活者可缓慢运动。常附于岩石、木桩、海藻、贝壳或其他无脊椎动物体表或虫管内，有的种专栖于蟠和多毛类的身体上。

第二节　中国近海内肛动物门代表类群分类系统

中国近海常见内肛动物门动物包括 2 科，其分类体系如下：

内肛动物门 Entoprocta

　巴伦虫科 Barentsiidae Emschermann, 1972

　曲体虫科 Loxosomatidae Hincks, 1880

参考文献

刘会莲，刘锡兴 . 2008. 内肛动物门 Entoprocta. 见：刘瑞玉 . 中国海洋生物名录 . 北京：科学出版社：394.

杨德渐，孙世春，等 . 1999. 海洋无脊椎动物学 . 青岛：中国海洋大学出版社：524.

The Southern California Association of Marine Invertebrate Taxonomists. 2018. A Taxonomic Listing of Benthic Macro- and Megainvertebrates from Infaunal & Epifaunal Monitoring and Research Programs in The Southern California Bight. 12th ed. Los Angeles: Natural History Museum of Los Angeles County Research & Collections: 188.

第九章　线虫动物门 Nematoda

第一节　线虫动物门概述

线虫动物门 Nematoda 是动物界中最大的门之一，已描述 28 000 多种（WoRMS 网站收录 6000 余种，表 1-2）。线虫动物门最早是由 Cobb 建立的一个门，命名为“Nemata”，他首创了线虫学“Nematology”一词并建立了第 1 个自由生活线虫的检索表（Cobb，1919，1920）。线虫动物又名圆虫（round worm）。Chitwood 和 Chitwood（1950）在深入而系统全面地研究了线虫的形态、起源和演化的基础上建立起线虫的自然分类系统，依据尾感器的有无将其划分为 2 个纲：有尾腺纲 Phasmidia 和无尾腺纲 Aphasmidia。其后，为避免与昆虫中 1 个目混淆，更名为泄管纲 Secernentea 和泄腺纲 Adenophorea。

海洋线虫常见于海洋沉积物中，部分种类亦可寄生于其他海洋动物体内，前者统称为自由生活海洋线虫（free-living marine nematodes）。自由生活海洋线虫是海洋中最丰富的后生动物，全世界已记录 7000 余种，但尚有大量种类未被发现和鉴定，总种数据估计超过 2 万种（Heip et al.，1982）。海洋线虫属于小型底栖动物的永久性成员，即分选时可通过 0.5 mm 孔径网筛但被 0.042 mm 孔径网筛所蓄留的动物（张志南和周红，2003）。Lorenzen 采用支序分类学理论，对自由生活海洋线虫的分类系统作了较大的修正，将线虫划分为泄管纲 Secernentea 和泄腺纲 Adenophorea，它们的共同特征是：①有 6+6+4 的头部刚毛（乳突）排列式；②有阴孔；③有交接器；④胚后发育包括 4 个幼体阶段，大部分海洋线虫属于泄腺纲（Lorenzen，1981，1994）。Lorenzen 还提出了用于线虫分类的 13 类全近裔性状，包括：①生境；②角皮结构；③体刚毛；④头区结构形状，头鞘，头刚毛的数目、长度和位置；⑤化感器形状和位置；⑥口腔一般结构和口腔齿的有无、排列和结构；⑦咽（食道）区一般结构，辐射管和咽腺；⑧腹腺位置和腹孔（排泄孔）；⑨贲门形状；⑩雌性生殖系统：卵巢数目，直伸或反折，阴孔位置，德曼系统，卵巢相对于肠的位置；⑪ 雄性生殖系统：精巢数目，交接器、副交接器（引带）、辅助器官（交接辅器），精巢相对于肠的位置；⑫ 尾区一般外形，尾腺和尾腺端孔；⑬ 体感器（metanemes）。Lorenzen 依据以上性状将泄腺纲 Adenophorea 划分为 2 个亚纲 4 个目和 61 个科，但不包括淡水的矛线目 Dorylaimida（张志南和周红，2003）。该分类系统在 2004 年以前在国际上获得广泛的应用（Heip et al.，1982；Platt and Warwick，1983，1988；Warwick et al.，1998），我国学者也沿用了这一分类系统（张志南和周红，2003；张志南，2008；黄勇，2008；徐重和黄勇，2014）。2004 年，由 De Ley 和 Blaxter（2004）依据形态和分子生物学特征提出了线虫动物门新的分类系统，将线虫动物门分为嘴刺纲 Enoplea 和色矛纲 Chromadorea。该分类系统现已为 WoRMS 和 NeMys 数据库所采纳。这一新的分类系统是在原分类系统基础上作的修订，采用嘴刺纲和色矛纲两个纲级阶元，将线虫动物门分为色矛亚纲 Chromadoria、嘴刺亚纲 Enoplia 和淡水的矛线虫亚纲 Dorylaimia 三大支系，而不再使用泄管纲与泄腺纲。WoRMS 中记载海洋线虫现存有效种接近 7000 种（张志南等，2017），隶属于 9 目 45 科 450 余属。我国海域习见海洋线虫估计有 500 ～ 560 种，近海海洋线虫总种数 1000 种左右（张志南和周红，2003）。据不完全统计，我国目前鉴定到种的海洋线虫有 370 余种，隶属于 2 纲 9 目 39 科 154 属。其中渤海有 75 种；黄海最多，220 余种；东海 80 余种；南海 30 余种。

第二节　中国近海自由生活海洋线虫分类系统

中国近海常见线虫动物门动物共包括 2 纲 9 目 39 科，其分类体系如下：

线虫动物门 Nematoda
　嘴刺纲 Enoplea
　　嘴刺亚纲 Enoplia
　　　嘴刺目 Enoplida
　　　　嘴刺亚目 Enoplina
　　　　　嘴刺线虫总科 Enoploidea Dujardin, 1845
　　　　　　嘴刺线虫科 Enoplidae Dujardin, 1845
　　　　　　腹口线虫科 Thoracostomopsidae Filipjev, 1927
　　　　　　裸口线虫科 Anoplostomatidae Gerlach & Riemann, 1974
　　　　　　光皮线虫科 Phanodermatidae Filipjev, 1927
　　　　　　前感线虫科 Anticomidae Filipjev, 1918
　　　　烙线虫亚目 Ironina
　　　　　烙线虫总科 Ironoidea de Man, 1876
　　　　　　烙线虫科 Ironidae de Man, 1876
　　　　　　狭线虫科 Leptosomatidae Filipjev, 1916
　　　　　　尖口线虫科 Oxystominidae Chitwood, 1935
　　　　瘤线虫亚目 Oncholaimina
　　　　　瘤线虫总科 Oncholaimoidea Filipjev, 1916
　　　　　　瘤线虫科 Oncholaimidae Filipjev, 1916
　　　　　　矛线虫科 Enchelidiidae Filipjev, 1918
　　　　三孔亚目 Tripyloidina
　　　　　三孔线虫总科 Tripyloidoidea Filipjev, 1928
　　　　　　三孔线虫科 Tripyloididae Filipjev, 1918
　　　　长尾虫亚目 Trefusiina
　　　　　长尾虫总科 Trefusioidea Gerlach, 1966
　　　　　　长尾虫科 Trefusiidae Gerlach, 1966
　　　　　　花冠线虫科 Lauratonematidae Gerlach, 1953
　　　三矛目 Triplonchida
　　　　三叶亚目 Tobrilina

三叶线虫总科 Tobriloidea Filipjev, 1918
德曼棒线虫科 Rhabdodemaniidae Filipjev, 1934
潘都雷线虫科 Pandolaimidae Belogurov, 1980
色矛纲 Chromadorea
色矛亚纲 Chromadoria
杆状目 Rhabditida
杆状亚目 Rhabditina
杆状线虫总科 Rhabditoidea Örley, 1880
杆状线虫科 Rhabditidae Örley, 1880
色矛目 Chromadorida
色矛线虫亚目 Chromadorina
色矛线虫总科 Chromadoroidea Filipjev, 1917
色矛线虫科 Chromadoridae Filipjev, 1917
杯咽线虫科 Cyatholaimidae Filipjev, 1918
色拉支线虫科 Selachinematidae Cobb, 1915
疏毛目 Araeolaimida
轴线虫总科 Axonolaimoidea Filipjev, 1918
轴线虫科 Axonolaimidae Filipjev, 1918
联体线虫科 Comesomatidae Filipjev, 1918
双盾线虫科 Diplopeltidae Filipjev, 1918
绕线目 Plectida
绕线亚目 Plectina
纤咽线虫总科 Leptolaimoidea Örley, 1880
纤咽线虫科 Leptolaimidae Örley, 1880
卡马克线虫总科 Camacolaimoidea Micoletzky, 1924
拉迪线虫科 Rhadinematidae Lorenzen, 1981
卡马克线虫科 Camacolaimidae Micoletzky, 1924
覆瓦亚目 Ceramonematina
覆瓦线虫总科 Ceramonematoidea Cobb, 1933
覆瓦线虫科 Ceramonematidae Cobb, 1933
似双盾线虫科 Diplopeltoididae Tchesunov, 1990
拟微咽线虫科 Paramicrolaimidae Lorenzen, 1981
链环目 Desmodorida
链环亚目 Desmodorina
链环线虫总科 Desmodoroidea Filipjev, 1922
链环线虫科 Desmodoridae Filipjev, 1922
闪光线虫科 Draconematidae Filipjev, 1918
微咽线虫总科 Microlaimoidea Micoletzky, 1922
微咽线虫科 Microlaimidae Micoletzky, 1922

弯齿线虫科 Aponchiidae Gerlach, 1963
单茎线虫科 Monoposthiidae Filipjev, 1934
项链目 Desmoscolecida
项链亚目 Desmoscolecina
项链线虫总科 Desmoscolecoidea Shipley, 1896
项链线虫科 Desmoscolecidae Shipley, 1896
单宫目 Monhysterida
单宫亚目 Monhysterina
单宫线虫总科 Monhysteroidea Filipjev, 1929
单宫线虫科 Monhysteridae de Man, 1876
囊咽线虫总科 Sphaerolaimoidea Filipjev, 1918
隆唇线虫科 Xyalidae Chitwood, 1951
囊咽线虫科 Sphaerolaimidae Filipjev, 1918
线形亚目 Linhomoeina
管咽线虫总科 Siphonolaimoidea Filipjev, 1918
管咽线虫科 Siphonolaimidae Filipjev, 1918
条形线虫科 Linhomoeidae Filipjev, 1922

第三节　中国近海自由生活海洋线虫分类检索表

中国近海自由生活海洋线虫隶属嘴刺纲 Enoplea 嘴刺亚纲 Enoplia 和色矛纲 Chromadorea 色矛亚纲 Chromadoria。这两个亚纲的主要鉴别特征为化感器是否为螺旋状，嘴刺亚纲的化感器通常为袋状，角皮一般光滑，没有大的、排列规则的装饰点和粗环纹；而色矛亚纲的化感器通常为螺旋状、半月形、圆形或不规则环形，角皮通常具环纹。

一、嘴刺亚纲检索表

中国近海自由生活海洋线虫嘴刺亚纲 Enoplia 包括两个目：嘴刺目 Enoplida 和三矛目 Triplonchida。嘴刺目（除了长尾虫亚目 Trefusiina 外）的共同特征是体侧具有特化的体感器。三矛目包括许多植物寄生线虫，在新的分类系统中原隶属于嘴刺目三孔亚目的两个科（德曼棒线虫科 Rhabdodemaniidae Filipjev, 1934、潘都雷线虫科 Pandolaimidae Belogurov, 1980）被划归到该目中。

（一）亚目阶元检索表

中国近海自由生活海洋线虫嘴刺目 Enoplida 分亚目检索表

1. 体侧无体感器…………………………………………………………………长尾虫亚目 Trefusiina
– 体侧有体感器……………………………………………………………………………………2
2. 头壳双套…………………………………………………………………………………………3

– 头壳非双套 ·· 4

3. 口腔通常被咽组织包围，腹腺位于咽区 ·· 嘴刺亚目 Enoplina

– 口腔不被咽组织包围，腹腺位于咽后区 ·· 瘤线虫亚目 Oncholaimina

4. 柱状咽（壁无锯齿），口腔不明显或无明显分割，齿若存在位于口腔前端，肌肉几乎伸达齿的位置·· ··烙线虫亚目 Ironina

– 口腔结构独特，具明显分割 ··· 三孔亚目 Tripyloidina

（二）科级阶元检索表

嘴刺亚目 Enoplina 分科检索表

1. 口腔大·· 2

– 口腔小或不明显·· 4

2. 口腔无齿··裸口线虫科 Anoplostomatidae Gerlach & Riemann, 1974

– 口腔具齿或颚齿·· 3

3. 唇较低，唇感器乳突状··· 嘴刺线虫科 Enoplidae Dujardin, 1845

– 唇较高，唇感器刚毛状··腹口线虫科 Thoracostomopsidae Filipjev, 1927

4. 口腔小或不明显，不具成排的侧颈刚毛 ··························光皮线虫科 Phanodermatidae Filipjev, 1927

– 口腔小，呈锥形，具成排的侧颈刚毛 ································· 前感线虫科 Anticomidae Filipjev, 1918

烙线虫亚目 Ironina 分科检索表

1. 柱状或管状口腔，且口腔被咽组织包围，齿位于口腔前端 ············烙线虫科 Ironidae de Man, 1876

– 口腔非柱状或不明显··· 2

2. 头部尖细，口腔小或不存在，多具 4 根亚头刚毛 ··········尖口线虫科 Oxystominidae Chitwood, 1935

– 头鞘常发达，口腔小或大，不具亚头刚毛，个体较大 ··········狭线虫科 Leptosomatidae Filipjev, 1916

二、色矛亚纲检索表

（一）目级阶元检索表

中国近海自由生活海洋线虫色矛亚纲 Chromadoria 分目检索表

1. 具尾感器，无尾腺··· 杆状目 Rhabditida

– 不具尾感器，有尾腺··· 2

2. 卵巢直伸，角皮环纹不发达，常无装饰点，化感器环状 ·····························单宫目 Monhysterida

– 卵巢多反折，角皮环纹常发达 ·· 3

3. 角皮无装饰点，常具头鞘 ·· 链环目 Desmodorida

– 角皮装饰点有或无，不具头鞘 ·· 4

4. 化感器常为复杂螺旋状，角皮有装饰点 ··色矛目 Chromadorida

– 化感器简单或不明显，形状多样 ··· 5

5. 角皮环纹不十分发达，化感器简单螺旋状，三环独立头感器（6+6+4）············ 疏毛目 Araeolaimida

– 角皮环纹十分发达·· 6

6. 化感器泡状不明显，身体短纺锤形 ……………………………………………项链目 Desmoscolecida
– 化感器形状多样，身体非短纺锤形，雄性多具肛前附器 ………………………………绕线目 Plectida

（二）科级阶元检索表

色矛目 Chromadorina 分科检索表

1. 单个前精巢，成对卵巢，前生殖腺在肠右侧，后生殖腺在肠左侧，化感器狭缝状、环状或卵圆形，不具多螺旋……………………………………………………色矛线虫科 Chromadoridae Filipjev, 1917
– 两个精巢，化感器具多螺旋 ……………………………………………………………………………… 2
2. 两圈头刚毛在同一水平，不分离（6+10），口腔具背齿和亚腹齿……………………………………………………………………………………………………杯咽线虫科 Cyatholaimidae Filipjev, 1918
– 口腔大，具颚齿或无齿……………………………………………色拉支线虫科 Selachinematidae Cobb, 1915

疏毛目 Araeolaimida 分科检索表

1. 化感器弓形或单环螺旋状 ……………………………………双盾线虫科 Diplopeltidae Filipjev, 1918
– 化感器多环螺旋状……………………………………………………………………………………………2
2. 口腔柱形或锥形，口腔壁常显著角质化 ……………………………轴线虫科 Axonolaimidae Filipjev, 1918
– 口腔较小，化感器螺旋状，至少 2.5 环 …………………………联体线虫科 Comesomatidae Filipjev, 1918

链环目 Desmodorida 分科检索表

1. 仅具前精巢………………………………………………………………………………………………………2
– 两个精巢……3
2. 身体 S 形或 Z 形弯曲，卵巢位于背曲之前，亚腹侧能动的支持刚毛位于背曲之后 ……………………………………………………………………………………闪光线虫科 Draconematidae Filipjev, 1918
– 身体非 S 形或 Z 形弯曲，身体不同部位的厚度差别较大，卵巢和阴孔靠近身体后部 ……………………………………………………………………………………链环线虫科 Desmodoridae Filipjev, 1922
3. 化感器螺旋环状或 O 形 ……………………………………………………………………………………4
– 化感器非螺旋环状，角皮环纹明显，具纵向装饰 …………单茎线虫科 Monoposthiidae Filipjev, 1934
4. 角皮光滑，雌性仅具直伸的前卵巢，雄性具乳突状肛前附器 ……………………………………………………………………………………………弯齿线虫科 Aponchiidae Gerlach, 1963
– 角皮常具环纹，雌性具两个直伸的卵巢 ……………………微咽线虫科 Microlaimidae Micoletzky, 1922

单宫目 Monhysterida 分科检索表

1. 单个直伸前卵巢……………………………………………………………………………………………2
– 前后两个卵巢………………………………………………………………………………………………3
2. 前卵巢位于肠右侧，口腔总是被咽组织包围 …………………单宫线虫科 Monhysteridae de Man, 1876
– 前卵巢位于肠左侧，口腔前端尖矛状 ………………………管咽线虫科 Siphonolaimidae Filipjev, 1918
3. 前生殖腺位于肠左侧，后生殖腺位于肠右侧，口腔圆锥形，一般无齿 ……………………………………………………………………………………………………隆唇线虫科 Xyalidae Chitwood, 1951
– 前生殖腺位于肠左侧或右侧，后生殖腺位于相反的一侧 ……………………………………………………4

4. 第 3 圈的 4 根头刚毛总是长于第 2 圈的 6 根头刚毛，有 8 组亚头刚毛，口腔桶状，前缘有一圈尖叶形结构…………………………………………………………囊咽线虫科 Sphaerolaimidae Filipjev, 1918

– 第 3 圈的 4 根头刚毛长于或短于第 2 圈的 6 根头刚毛，口腔入口显著变窄，基部具 1 背齿和 2 亚腹齿样拱起…………………………………………………………条形线虫科 Linhomoeidae Filipjev, 1922

参考文献

黄勇 . 2008. 线虫动物门 . 见 : 刘瑞玉 . 中国海洋生物名录 . 北京 : 科学出版社 : 395-405.

黄勇 , 张志南 . 2019. 中国自由生活海洋线虫新种研究 . 北京 : 科学出版社 : 324.

徐重 , 黄勇 . 2014. 中国自由生活海洋线虫研究进展 . 聊城大学学报（自然科学版）, 27(1): 55-61.

张志南 . 2008. 线虫动物门 . 见 : 黄宗国 . 2008. 中国海洋生物种类与分布（增订版）. 北京 : 海洋出版社 : 334-338.

张志南 , 周红 . 2003. 自由生活海洋线虫的系统分类学 . 青岛海洋大学学报 , 33(6): 891-900.

张志南 , 周红 , 华尔 , 等 . 2017. 中国小型底栖生物研究的 40 年——进展与展望 . 海洋与湖沼 , 48(4): 1-17.

Chitwood B G, Chitwood H B. 1950. An Introduction to Nematology. Baltimore: Monumental Printing Company: 213.

Cobb N A. 1919. The orders and classes of nemas. Contributions to a Science of Nematology, 8: 213-216.

Cobb N A. 1920. One hundred new nemas (type species of 100 new genera). Contributions to a Science of Nematology, 9: 217-343.

De Ley P, Blaxter M L. 2004. A new system for Nematoda: Combining morphological characters with molecular trees, and translating clades into ranks and taxa. Nematology Monographs & Perspectives, 2: 633-653.

Gerlach S A, Riemann F. 1973. The bremerhaven checklist of aquatic nematodes. A Catalogue of Nematoda Adenophorea Excluding the Dorylaimida. Veröffentlichungen des Instituts für Meeresforschung in Bremerhaven Supplementband, 4: 1-736.

Giere O. 2009. Meiobenthology. Heidelberg: Springer: 327.

Higgins R P, Thiel H. 1988. Introduction to the Study of Meiofauna. Washington, DC: Smithsonian Press: 488.

Heip C, Vincx M, Smol N, et al. 1982. The systematics and ecology of free-living marine nematodes, Helminthological Abstracts (Series B). Plant Nematology, 51(1): 1-31.

Lorenzen S. 1981. Entwurf eines phylogenetischen Systems der freilebenden Nematoden. Vëroeffentlichungen des Instituts fuer Meeresforschung in Bremerhaven, 7: 1-472.

Lorenzen S. 1994. The Phylogenetic Systematics of Freeliving Nematodes. The Ray Society. London: The Gresham Press: 383.

Platt H M, Warwick R M. 1983. Free-living Marine Nematodes. Part I: British Enoplids. Synopses of the British Fauna (New series) No. 28. Cambridge: Cambridge University Press: 307.

Platt H M, Warwick R M. 1988. Free Living Marine Nematodes. Part II: British Chromadorids. Synopses of the British Fauna (New Series) No. 38. Backhuys: Field Studies Council: 501.

Warwick R M, Platt H M, Somerfield P J. 1998. Free-living Marine Nematodes. Part III: Monhysterids. Synopses of the British Fauna (New series) No. 53. Shrewsbury: Field Studies Council: 296.

第十章　环节动物门 Annelida

第一节　环节动物门概述

环节动物栖息的生境非常广泛，包括海洋（深海、热液口、冷渗口、浅海和潮间带）、河口、淡水和陆地。本门动物已描述的物种约 16 000 种（WoRMS 网站收录 13 400 余种，表 1-2），主要包括多毛纲 Polychaeta 和环带纲 Clitellata，后者包括寡毛类 Oligochaeta 和营寄生生活的蛭类 Hirudinea。最新的分子生物学研究结果支持将星虫动物门 Sipuncula 列为环节动物的一纲，同时也将螠虫动物门 Echiura 和西伯加虫科 Siboglinidae 归入多毛纲。大多数环节动物身体具明显的分节，是其向高等无脊椎动物进化的标志；但星虫、螠虫和微型共生或寄生环节动物（如直泳目 Orthonectida 和吸口虫目 Myzostomida）成体外部没有分节。

早期形态学研究认为寡毛类起源于类似多毛类的祖先，也有研究认为寡毛类和多毛类均起源于蚯蚓状（earthworm-like）的共同祖先。近年来的分子生物学研究结果支持环节动物中的原始类群向游走型 Errantia 和定居型 Sedentaria（包括寡毛类）演化（Weigert and Bleidorn，2016）的历程，这也支持寡毛类起源于类似多毛类的观点。根据分子生物学研究结果，位于环节动物系统演化树基部的有欧文虫科 Oweniidae、长手沙蚕科 Magelonidae、磷虫科 Chaetopteridae、仙虫科 Amphinomidae 和星虫动物门 Sipuncula（Weigert et al.，2014，Andrade et al.，2015），但由于这些类群的形态差异非常显著，目前还难以确定确切的起源种类；仅推测环节动物祖先的形态特征可能包括身体分节、有一对触角和具刚毛的疣足（Struck et al.，2011；Weigert and Bleidorn，2016）。此外，环节动物的生活史特征也是系统发育研究的重要依据。

多毛类除数十种生活于淡水中外，绝大多数海生，是海洋底栖动物的重要类群，常常占大型底栖动物种数的 50% ～ 70%。多毛纲是环节动物中最具多样性的类群，全球已描述 11 800 余个海栖种类。但其分类体系目前尚处于争议当中，也在不断的变化和调整。多毛纲最早由 Grube（1850）建立。Quatrefages（1866）将多毛纲分为两个类群：游走类 Erranticae 和隐居类 Sedentariae。前者身体无明显分区现象，且口前叶及其附肢发育良好，疣足也较发达；后者身体分区明显，并各自特化，且口前叶、疣足均不发达。Uschakov（1955）在此基础上建立了多毛纲 8 目系统，而 Fauchald（1997）将 81 个科的多毛类动物归入到 17 个目中。Rouse 和 Fauchald（1997）根据形态学性状对多毛纲各个类群以及其他非多毛类的蠕虫开展支序分类学研究，结果将多毛纲分成头节动物 Scolecida 和触角动物 Palpata 两大类群。头节动物为头节虫目 Scolecida，触角动物则分为沟触角动物 Canalipalpta 和足刺动物 Aciculata 两部分。沟触角动物包括缨鳃虫目 Sabellida、海稚虫目 Spionida、蛰龙介目 Terebellida 3 目，足刺动物包括叶须虫目 Phyllodocida 和矶沙蚕目 Eunicida。

目前 WoRMS 体系将多毛纲分为游走亚纲 Errantia、隐居亚纲 Sedentaria，以及螠亚

纲 Echiura。游走亚纲 Errantia 包含 3 个目：仙虫目 Amphinomida、矶沙蚕目 Eunicida 和叶须虫目 Phyllodocida。隐居亚纲 Sedentaria 包括沟触角下纲 Canalipaipata、头节虫下纲 Scolecida 和单列的磷虫科 Chaetopteridae。沟触角下纲又包括缨鳃虫目 Sabellida、海稚虫目 Spionida 和蛰龙介目 Terebellida 3 个目，以及单列的帚毛虫科 Sabellariidae。螠亚纲 Echiura 身体圆筒状，不分节，由细长的吻和粗大的躯干部组成。吻具伸缩性但不能缩入躯干部，腹面具沟槽，呈匙状（故也称匙虫）。躯干前部腹面常具 1 对刚毛。真体腔宽大。消化道长而卷绕，口位于吻的基部，肛门位于虫体后端。多具闭管式循环系统。具 1 至数对肾和 1 对肛门囊。无专门的呼吸系统。神经系统由围咽神经环和 1 条无神经节的腹神经索组成。雌雄异体，有的雌雄异形，发育多经担轮幼虫期。全部海生，多底栖自由生活。已知约 170 种，现均归为螠目 Echiuroidea。

杨德渐和孙瑞平（1988）在《中国近海多毛环节动物》中引用了 Fauchald（1997）的分类系统和检索表。吴宝铃等（1997）在 Uschakov（1955）的基础上，参考了 Fauchald（1997）、Pettibone（1982）、George 和 Hartmann-Schröder（1985）等的研究成果，将 81 个科的多毛类划分为 8 目 14 亚目。

如上所述，不同分类体系仍存在一些差异，目、科分类阶元相对较为成熟。本书主要参考 Rouse 和 Fauchald（1997），以及 WoRMS 中的亚纲、科建立多毛类的亚纲、科分类体系和检索表。

寡毛类为海生、淡水生或陆生。体细长，分节，但不分区。头部不明显，只有口前叶和围口节两部分。口位于围口节的腹面。水栖种类口前叶常呈锥状或长吻状。消化道简单，雌雄同体，生殖腺 1 ～ 2 对，性成熟时出现环带。除少数种类外，环带前的体节内有受精囊，受精囊的对数与位置是分类依据之一。水栖寡毛类大多为世界性分布，目前全球已记录海洋寡毛类 500 余种（OBIS，Ocean Biodiversity Information System，https://obis.org/），主要为线蚓科和仙女虫科种类。Grube（1850）建立了寡毛纲 Oligochaeta。Vejdovsky（1884）发表最早的寡毛类综述，将寡毛类划分为 10 科，并从解剖学方面进行了描述。Benham（1891）将寡毛类分为小蚓亚目 Microdrili 和大蚓亚目 Megadrili，该分类方法虽然便于使用，但不能正确表示亲缘关系。Michaelsen（1900）将寡毛类分为古寡毛亚目和新寡毛亚目，Michaelsen（1921）取消了这 2 个亚目，代以根据精漏斗和雄孔的相对位置将其分为近孔寡毛亚目、前孔寡毛亚目和后孔寡毛亚目 3 个亚目。Michaelsen（1930）又将近孔寡毛亚目分成前囊近孔寡毛亚目和近囊近孔寡毛亚目 2 个亚目，Yamaguchi（1953）在此基础上做了修正。Brinkhurst 和 Jamieson（1971）重新拟定寡毛类的分类系统，其中寡毛类为环带纲的亚纲，含带丝蚓目 Lumbriculida、链胃蚓目 Moniligastrida 和单向蚓目 Haplotaxida 共 3 个目。Jamieson（1978）在上述工作基础上做了进一步修订，把寡毛类分为带丝蚓目、颤蚓目 Tubificida 和单向蚓目 3 个目。Brinkhurst（1982）结合自己和 Jamieson、Timm 的研究结果，将寡毛类分为单向蚓目、带丝蚓目、颤蚓目和正蚓目 Lumbricida 共 4 个目。Jamieson（1988）应用支序分类学的研究结果建立了新的分类系统，将寡毛类分为圆盾蚓亚纲 Randiellata、带丝蚓亚纲 Lumbriculata、颤蚓亚纲 Tubificada 和双睾蚓亚纲 Diplotesticulata 共 4 个亚纲。Bouché（1998）和 Qiu（1998）发现 100 多个新种、亚种，建立了 24 个新属、亚属，在此基础上构建起新的分类系统，将寡毛类分为颤蚓目 Tubificida、单向蚓目 Haplotaxida 和带丝蚓目 Lumbriculida 共 3 个目。

目前 WoRMS 体系将海栖寡毛类归于环带纲 Clitellata 的寡毛亚纲 Oligochaeta，并进一步分为线蚓目 Enchytraeida 和单向蚓目 Haplotaxida。线蚓目 Enchytraeida 仅有线蚓科 Enchytraeidae；单向蚓目仅含颤蚓亚目 Tubificina，其下仅有仙女虫科 Naididae。本文参考这一分类体系建立检索表。

第二节　中国近海底栖环节动物门分类系统

中国近海常见底栖环节动物门动物包括多毛纲和环带纲寡毛亚纲 2 纲 56 科（其中多毛纲欧文虫科和长手沙蚕科未定亚纲），其分类体系如下：

环节动物门 Annelida
　多毛纲 Polychaeta
　　螠亚纲 Echiura
　　　　绿螠科 Thalassematidae Forbes & Goodsir, 1841
　　　　棘螠科 Urechidae Monro, 1927
　　隐居亚纲 Sedentaria
　　　　磷虫科 Chaetopteridae Audouin & Milne Edwards, 1833
　　　　单指虫科 Cossuridae Day, 1963
　　　　竹节虫科 Maldanidae Malmgren, 1867
　　　　锥头虫科 Orbiniidae Hartman, 1942
　　　　沙蠋科 Arenicolidae Johnston, 1835
　　　　小头虫科 Capitellidae Grube, 1862
　　　　异毛虫科 Paraonidae Cerruti, 1909
　　　　海蛹科 Opheliidae Malmgren, 1867
　　　　臭海蛹科 Travisiidae Hartmann-Schröder, 1971
　　　　梯额虫科 Scalibregmatidae Malmgren, 1867
　　　　帚毛虫科 Sabellariidae Johnston, 1865
　　　　龙介虫科 Serpulidae Rafinesque, 1815
　　　　缨鳃虫科 Sabellidae Latreille, 1825
　　　　杂毛虫科 Poecilochaetidae Hannerz, 1956
　　　　异稚虫科 Longosomatidae Hartman, 1944
　　　　轮毛虫科 Trochochaetidae Pettibone, 1963
　　　　海稚虫科 Spionidae Grube, 1850
　　　　扇毛虫科 Flabelligeridae de Saint-Joseph, 1894
　　　　笔帽虫科 Pectinariidae Quatrefages, 1866
　　　　米列虫科 Melinnidae Chamberlin, 1919
　　　　双栉虫科 Ampharetidae Malmgren, 1866
　　　　顶须虫科 Acrocirridae Banse, 1969

丝鳃虫科 Cirratulidae Ryckholt, 1851
蛰龙介科 Terebellidae Johnston, 1846
毛鳃虫科 Trichobranchidae Malmgren, 1866
不倒翁虫科 Sternaspidae Carus, 1863
游走亚纲 Errantia
仙虫科 Amphinomidae Lamarck, 1818
海刺虫科 Euphrosinidae Williams, 1852
索沙蚕科 Lumbrineridae Schmarda, 1861
花索沙蚕科 Oenonidae Kinberg, 1865
豆维虫科 Dorvilleidae Chamberlin, 1919
欧努菲虫科 Onuphidae Kinberg, 1865
矶沙蚕科 Eunicidae Berthold, 1827
真鳞虫科 Eulepethidae Chamberlin, 1919
鳞沙蚕科 Aphroditidae Malmgren, 1867
锡鳞虫科 Sigalionidae Kinberg, 1856
蠕鳞虫科 Acoetidae Kinberg, 1856
多鳞虫科 Polynoidae Kinberg, 1856
金扇虫科 Chrysopetalidae Ehlers, 1864
吻沙蚕科 Glyceridae Grube, 1850
角吻沙蚕科 Goniadidae Kinberg, 1866
叶须虫科 Phyllodocidae Örsted, 1843
齿吻沙蚕科 Nephtyidae Grube, 1850
特须虫科 Lacydoniidae Bergström, 1914
拟特须虫科 Paralacydoniidae Pettibone, 1963
沙蚕科 Nereididae Blainville, 1818
海女虫科 Hesionidae Grube, 1850
微凸目虫科 Microphthalmidae Hartmann-Schröder, 1971
白毛虫科 Pilargidae de Saint-Joseph, 1899
裂虫科 Syllidae Grube, 1850
未定亚纲
欧文虫科 Oweniidae Rioja, 1917
长手沙蚕科 Magelonidae Cunningham & Ramage, 1888
环带纲 Clitellata
寡毛亚纲 Oligochaeta
线蚓目 Enchytraeida
线蚓科 Enchytraeidae d'Udekem, 1855
单向蚓目 Haplotaxida
颤蚓亚目 Tubificina
仙女虫科 Naididae Ehrenberg, 1831

仙女虫亚科 Naidinae Ehrenberg, 1828
河蚓亚科 Rhyacodrilinae Hrabe, 1963
颤蚓亚科 Tubificinae Eisen, 1885
沼丝蚓亚科 Telmatodrilinae Esien, 1885
棒丝蚓亚科 Phallodrilinae Brinkhurst, 1971
似水丝蚓亚科 Limnodriloidinae Erséus, 1982

第三节　中国近海环节动物门检索表

一、纲级阶元检索表

中国近海底栖环节动物门 Annelida 分纲检索表

1. 生殖期体表不形成环带……………………………………………………多毛纲 Polychaeta 2
– 生殖期体表形成环带……………………………………………………寡毛亚纲 Oligochaeta
2. 无吻或具可经口翻出和收回的吻，身体分节 ……………………………………………… 3
– 吻不经口伸出，不能收回，身体不分节 ……………………………………………螠亚纲 Echiura
3. 身体无明显分区；口前叶周围感觉器官发达，具可外翻的吻；疣足发达 ……………游走亚纲 Errantia
– 身体分区明显；口前叶周围感觉器官退化；疣足不发达 ………………………………隐居亚纲 Sedentaria

二、科级阶元检索表

螠亚纲 Echiura 分科检索表

吻发达，具闭管循环系统，肠后端未特化为呼吸器官 ……………………………………………
……………………………………………………………… 绿螠科 Thalassematidae Forbes & Goodsir, 1841
– 吻高度退化，不具闭管循环系统，肠后端膨大为呼吸器官 …………… 棘螠科 Urechidae Monro, 1927

隐居亚纲 Sedentaria 分科检索表

WoRMS 中依据分子生物学研究将其上级阶元列为待定的欧文虫科 Oweniidae 和长手沙蚕科 Magelonidae 仍按其形态列于本亚纲下检索。

1. 吻囊状或无吻；无触角 …………………………………………………………………………… 2
– 吻富肌肉轴状；具触角 …………………………………………………………………………… 10
2. 在一个前刚节（常为 3 ～ 6 刚节）上具一个中背触角 …………………单指虫科 Cossuridae Day, 1963
– 在一个前刚节（常为 3 ～ 6 刚节）上无中背触角 ………………………………………………… 3
3. 口前叶为一斜板，常以突缘镶边 ……………………………… 竹节虫科 Maldanidae Malmgren, 1867
– 口前叶尖、圆或钝…………………………………………………………………………………… 4
4. 体分具不同刚毛的胸、腹两区（注意：有时可依疣足特征来分区） ……………………………… 5
– 体不分区；刚毛分布和疣足形态变化不大 ……………………………………………………… 7
5. 胸区具侧疣足，腹区疣足背、腹叶都在背面 ……………………锥头虫科 Orbiniidae Hartman, 1942
– 全具侧疣足；后区体节的疣足背叶常退化，腹叶可形成窄而完整的环带 ……………………… 6

6. 虫体的前区、中区有时后区（包括有鳃刚节）具纤细的毛状刚毛；鳃不能收缩，灌木状或简单的丝状……………………………………………………………………………沙蠋科 Arenicolidae Johnston, 1835
– 胸区和前几个腹区刚节仅具细毛状刚毛；若具鳃在腹区则为可伸缩的丝状……………………………………………………………………………………………小头虫科 Capitellidae Grube, 1862
7. 口前叶无中触手……………………………………………………………………………………8
– 口前叶具中触手……………………………………………………异毛虫科 Paraonidae Cerruti, 1909
8. 口前叶完整，尖或圆形，从无环轮；如具鳃，为须状、梳状……………………………………9
– 口前叶梯形或分叉，若具鳃，仅出现于前端，为树枝状····梯额虫科 Scalibregmatidae Malmgren, 1867
9. 腹面具腹沟……………………………………………………海蛹科 Opheliidae Malmgren, 1867
– 腹面无腹沟……………………………………………臭海蛹科 Travisiidae Hartmann-Schröder, 1971
10. 头部具触手冠……………………………………………………………………………………11
– 头部不具触手冠…………………………………………………………………………………14
11. 特殊的前刚毛形成一壳盖；前端无鳃………………………帚毛虫科 Sabellariidae Johnston, 1865
– 无特殊刚毛，前端具有鳃…………………………………………………………………………12
12. 管钙质；具胸膜……………………………………………龙介虫科 Serpulidae Rafinesque, 1815
– 管胶质或角质常覆有沙粒；无胸膜………………………………………………………………13
13. 无鳃冠（触手冠）或鳃冠（触手冠）具叶状的鳃丝；躯干部不分区 ···· 欧文虫科 Oweniidae Rioja, 1917
– 鳃冠（触手冠）具丝状的鳃丝；躯干部分为 2 区 ………………缨鳃虫科 Sabellidae Latreille, 1825
14. 躯干部不分为胸区和腹区…………………………………………………………………………15
– 躯干部可分为胸区和腹区…………………………………………………………………………20
15. 第 4 刚节具一至数根粗刺刚毛；有的体中部体节变形，常为扇状；栖管羊皮纸状，具多环轮………………………………………………………………磷虫科 Chaetopteridae Audouin & Milne Edwards, 1833
– 第 4 刚节无粗刺刚毛；无扇状疣足；栖管非羊皮纸状，无环轮 ………………………………16
16. 口前叶为扁或抹刀状，与体最宽处同宽 ······· 长手沙蚕科 Magelonidae Cunningham & Ramage, 1888
– 口前叶不扁，明显窄于体宽………………………………………………………………………17
17. 口前叶小，球形…………………………………………杂毛虫科 Poecilochaetidae Hannerz, 1956
– 口前叶不呈球状……………………………………………………………………………………18
18. 疣足不明显，腹部体节长；刚毛围绕身体形成完整的环带…………………………………………………………………………………………异稚虫科 Longosomatidae Hartman, 1944
– 疣足很发达；腹部体节通常不长；刚毛成侧束 …………………………………………………19
19. 体中部疣足单叶型……………………………………轮毛虫科 Trochochaetidae Pettibone, 1963
– 所有疣足双叶型…………………………………………………海稚虫科 Spionidae Grube, 1850
20. 体后部具刚毛围绕的几丁质腹板………………………………不倒翁虫科 Sternaspidae Carus, 1863
– 体后部无几丁质腹板………………………………………………………………………………21
21. 前端具一至数排长的特殊刚毛，或盖于退缩的前端或形成一壳盖，或为一列长的保护刺（稃片）……………………………………………………………………………………………………22
– 前端不具特殊的刚毛（注意：可能有短且粗的钩状刚毛）…………………………………………25
22. 特殊的刚毛长且具隔，为梯形，形成一保护前端头笼；体具许多上皮乳突…………………………………………………………………………扇毛虫科 Flabelligeridae de Saint-Joseph, 1894

– 特殊的前刚毛非梯形，不形成一保护性头笼；上皮乳突少、小或无……………………………………23
23. 特殊刚毛横排、粗、平滑，前端不弯曲 ……………………笔帽虫科 Pectinariidae Quatrefages, 1866
– 特殊刚毛形成稃片，或在前端两侧为扇形稃片，或为一壳盖盖于壳管……………………………24
24. 胸区前几节有腹足刺刚毛，胸区后几节腹叶具齿片 …………米列虫科 Melinnidae Chamberlin, 1919
– 胸区无腹足刺刚毛，皆具腹齿片 ……………………………… 双栉虫科 Ampharetidae Malmgren, 1866
25. 虫体具许多长而细的鳃丝、触手和背须（常丧失仅具痕迹）…………………………………………26
– 虫体没有长而细的鳃丝、触手和背须 ……………………………… 顶须虫科 Acrocirridae Banse, 1969
26. 鳃丝遍布于体前部或其后体节的背侧 ……………………………丝鳃虫科 Cirratulidae Ryckholt, 1851
– 若具鳃则在 2 ～ 3 个连续的体节上 ……………………………………………………………………27
27. 胸部、腹部齿片柄短，有时胸部齿片具一后延长部 …………… 蛰龙介科 Terebellidae Johnston, 1846
– 胸部齿片柄长，腹部齿片柄短 ……………………………… 毛鳃虫科 Trichobranchidae Malmgren, 1866

游走亚纲 Errantia 分科检索表

1. 吻具 1 对腹位或背位的颚，颚少翻出，中部体节疣足上有鳃 ………………………………………… 2
– 吻无颚或末端具多至 2 对颚，疣足上通常不具鳃 ……………………………………………………… 8
2. 口前叶无附肢……………………………………………………………………………………………… 3
– 口前叶至少一对触手……………………………………………………………………………………… 4
3. 无巾钩刚毛，具有三个颚基 …………………………………… 花索沙蚕科 Oenonidae Kinberg, 1865
– 至少有的体节具巾钩刚毛；具有一对颚基 ………………… 索沙蚕科 Lumbrineridae Schmarda, 1861
4. 具 2 个前触手和 5 个后头触手 ……………………………………… 欧努菲虫科 Onuphidae Kinberg, 1865
– 无 2 个前触手和 5 个后头触手 ………………………………………………………………………… 5
5. 触角多环，无触须…………………………………………… 豆维虫科 Dorvilleidae Chamberlin, 1919
– 触角单环………………………………………………………………………………………………… 6
6. 口前叶不延伸为肉瘤………………………………………………… 矶沙蚕科 Eunicidae Berthold, 1827
– 口前叶向后延伸为肉瘤…………………………………………………………………………………… 7
7. 背刚毛成束的位于背叶上；鳃明显，为分支的束 …………………仙虫科 Amphinomidae Lamarck, 1818
– 背刚毛在后部排成横排；鳃比刚毛短 ……………………………海刺虫科 Euphrosinidae Williams, 1852
8. 背部具有多鳞片或在若干体节背足基部背面具明显的鳞片痕迹，可能具杂乱的毡毛样背刚毛 …… 9
– 背部不具鳞片、鳞片痕迹或毡毛 ……………………………………………………………………… 13
9. 腹足刺端锤头状………………………………………………… 真鳞虫科 Eulepethidae Chamberlin, 1919
– 腹足刺端尖………………………………………………………………………………………………… 10
10. 口前叶具单个中触手；背部具毡毛………………………………鳞沙蚕科 Aphroditidae Malmgren, 1867
– 口前叶具 1～ 3 个触手；背部无毡毛 ………………………………………………………………… 11
11. 腹刚毛复型 ………………………………………………………… 锡鳞虫科 Sigalionidae Kinberg, 1856
– 腹刚毛简单 ……………………………………………………………………………………………… 12
12. 具纺锤腺；若具中触手则仅靠口前叶的后部或中部；无背刚毛 …… 蠕鳞虫科 Acoetidae Kinberg, 1856
– 无纺锤腺；中触手位于口前叶前缘；常具背刚毛 …………………… 多鳞虫科 Polynoidae Kinberg, 1856
13. 背足具扩散的金色或铜色刚毛，且或多或少覆于背部 ………金扇虫科 Chrysopetalidae Ehlers, 1864
– 背刚毛不如上述（或无背刚毛）…………………………………………………………………………… 14

14. 无触角 ··· 15
– 具触角，有时似围口节上的腹侧垫或与口前叶前端愈合，以致口前叶出现一裂隙，但常游离为指状 ··· 19
15. 口前叶长、圆锥形、常多环轮 ··· 16
– 口前叶长不及宽的 2 倍、无环轮 ··· 17
16. 翻吻具 4 个大颚；疣足全为单叶或全为双叶型 ························ 吻沙蚕科 Glyceridae Grube, 1850
– 翻吻具 4 个以上的颚；前部疣足单叶型，后部疣足双叶型 ····· 角吻沙蚕科 Goniadidae Kinberg, 1866
17. 背须大，叶形 ·· 叶须虫科 Phyllodocidae Örsted, 1843
– 若具背须则为须状 ··· 18
18. 所有刚毛简单；背腹刚叶间具间须 ································ 齿吻沙蚕科 Nephtyidae Grube, 1850
– 背刚毛简单，腹刚毛复型；无间须 ································ 特须虫科 Lacydoniidae Bergström, 1914
19. 触角双环或多环 ··· 20
– 触角简单，有时与口前叶愈合，致使口前叶呈现 V 形凹隙或在围口节上形成腹侧垫 ··············· 22
20. 吻具大颚一对，翻吻光滑或具颚齿、乳突；疣足常双叶型 ·········· 沙蚕科 Nereididae Blainville, 1818
– 吻常无大颚、无颚齿和乳突，但多具端乳突或侧突起；疣足常为亚双叶型或单叶型 ················ 21
21. 3 个触手；4 对触须或 6 对触须；6 对触须时，中触手位于口前叶后部 ·······································
·· 微凸目虫科 Microphthalmidae Hartmann-Schröder, 1971
– 3 ～ 5 个触手；3 个触手时有 6 对或 8 对触须；6 对触须时，中触手位于口前叶前部 ·····················
·· 海女虫科 Hesionidae Grube, 1850
22. 触角与口前叶愈合，以致口前叶呈前裂隙 ····················· 白毛虫科 Pilargidae de Saint-Joseph, 1899
– 触角为游离的腹突起，有时彼此愈合 ··· 裂虫科 Syllidae Grube, 1850

寡毛亚纲 Oligochaeta 分科检索表

受精囊在精巢之前，两者相距 5 个体节，刚毛简单 ················· 线蚓科 Enchytraeidae d'Udekem, 1855
– 受精囊在雄性生殖孔之前或之后的体节上，刚毛多样 ················ 仙女虫科 Naididae Ehrenberg, 1831

仙女虫科 Naididae 分亚科检索表

1. 虫体透明，较小，具芽带 ·· 仙女虫亚科 Naidinae Ehrenberg, 1828
– 虫体淡红色，较长，粗线状 ··· 2
2. 体腔球丰富 ·· 河蚓亚科 Rhyacodrilinae Hrabe, 1963
– 体腔球缺失 ··· 4
3. 具有精荚 ··· 5
– 受精囊中贮有呈松散束状精子或一简单精荚 ··· 6
4. 每个精管膨部均具有块状前列腺 ·· 颤蚓亚科 Tubificinae Eisen, 1885
– 每个精管膨部的前列腺小而丰富 ······································· 沼丝蚓亚科 Telmatodrilinae Esien, 1885
5. 精管膨部与两个致密的前列腺相连，无前列腺垫 ··········· 棒丝蚓亚科 Phallodrilinae Brinkhurst, 1971
– 精管膨部由膨腔和膨管组成，膨腔具有前列腺，有前列腺垫 ···
·· 似水丝蚓亚科 Limnodriloidinae Erséus, 1982

参考文献

陈静，蒋万祥，沈琦，等. 2015. 线蚓科分类学研究进展. 生态学报, 35(8): 2461-2472.

刘瑞玉. 2008. 中国海洋生物名录. 北京：科学出版社：1267.

唐质灿. 2008. 螠虫动物 Echiura. 见：刘瑞玉. 中国海洋生物名录. 北京：科学出版社：455.

王洪铸. 2002. 中国小蚓类研究——附中国南极长城站附近地区两新种. 北京：高等教育出版社：228.

吴宝铃，吴启泉，邱建文，等. 1997. 中国动物志：无脊椎动物 第九卷 多毛纲(一) 叶须虫目. 北京：科学出版社：329.

杨德渐，孙瑞平. 1988. 中国近海多毛环节动物. 北京：农业出版社：351.

周红，李凤鲁，王玮. 2007. 中国动物志：无脊椎动物 第四十六卷 星虫动物门 螠虫动物门. 北京：科学出版社：219.

Andrade S C S, Novo M, Kawauchi G Y, et al. 2015. Articulating "archiannelids": phylogenomics and annelid relationships, with emphasis onmeiofaunal taxa. Molecular Biology and Evolution, 32: 2860-2875.

Benham W B. 1891. Studies on earthworms. Quarterly Journal of Microscopical Science, 26:213-301.

Bouché M B. 1998. L'éolution spatiotemporelle des lombrixiens. Documents Pédozoologiques et Intégrologiques,3:1-28.

Brinkhurst R O, Jamieson B G M. 1971. Aquatic Oligochaeta of the World. Edinburgh: Oliver and Boyd: 860.

Brinkhurst R O, Baker H R. 1979. A review of the marine Tubificidae (Oligochaeta) of North America. Canadian Journal of Zoology, 57(8): 1553-1569.

Brinkhurst R O. 1982. Evolution in the Annelida. Canadian Journal of Zoology, 60: 1043-1059.

Coates K. 1980. New marine species of Marionina and Enchytraeus (Oligochaeta, Enchytraeidae) from British Columbia. Canadian Journal of Zoology, 58(7): 1306-1317.

Edmonds S J. 1987. Echiurans from Australia (Echiura). Records of the South Australian Museum, 21(2): 119-138.

Eisen G A. 1904. Enchytræidæ of the west coast of North America. Harriman Alaska Expedition with Cooperation of Washington Academy of Sciences, Alaska XII, 341: 1-166.

Erséus C, Hsieh H L. 1997. Records of estuarine Tubificidae (Oligochaeta) from Taiwan. Species Diversity, 2: 97-104.

Erséus C. 1978. Two new species of the little-known Genus *Bacescuella* Hrabě (Oligochaeta, Tubificidae) from the North Atlantic. Zoologica Scripta. 7: 263-267.

Erséus C. 1980. Taxonomic studies on the marine genera *Aktedrilus* Knöllner and *Bacescuella* Hrabe (Oligochaeta, Tubificidae), with descriptions of seven new species. Zoologica Scripta, 9: 97-111.

Erséus C. 1981. Taxonomic studies of Phallodrilinae (Oligochaeta, Tubificidae) from the Great Barrier Reef and the Comoro Islands with descriptions of ten new species and one new genus. Zoologica Scripta, 10(1): 15-31.

Erséus C. 1982. Taxonomic revision of the marine genus *Limnodriloides* (Oligochaeta: Tubificidae). Verhandlungen des Naturwissenschaftlichen Vereins in Hamburg (NF), 25: 207-277.

Erséus C. 1983a. *Duridrilus tardus* gen. et sp. n., a marine tubificid (Oligochaeta) from Bermuda and Barbados. Sarsia, 68(1): 29-32.

Erseus C. 1983b. Taxonomic studies of the marine Genus *Marcusaedrilus* Righi & Kanner (Oligochaeta, Tubificidae), with descriptions of seven new species from the Caribbean area and Australia. Zoologica Scripta, 12(1): 25-36.

Erséus C. 1984a. Interstitial fauna of Galapagos XXXIII. Tubificidae (Annelida, Oligochaeta). Microfauna Marina, 1: 191-198.

Erséus C. 1984b. The marine Tubificidae (Oligochaeta) of Hong Kong and Southern China. Asian Marine Biology, 1: 135-175.

Erséus C. 1988. Taxonomic revision of the *Phallodrilus rectisetosus* complex (Oligochaeta: Tubificidae). Proceedings of the Biological Society of Washington, 101(4):784-793.

Erséus C. 1990a. Marine Oligochaeta of Hong Kong. *In*: Morton B. The Marine Flora and Fauna of Hong Kong and Southern China II. Hong Kong: Hong Kong University Press: 259-335.

Erséus C. 1990b. The marine Tubificidae (Oligochaeta) of the barrier reef ecosystems at Carrie Bow Cay, Belize, and other parts of the Caribbean Sea, with descriptions of twenty-seven new species and revision of *Heterodrilus*, *Thalassodrilides* and *Smithsonidrilus*. Zoologica Scripta, 19(3): 243-303.

Erséus C. 1992a. Marine Oligochaeta of Hong Kong: A supplement. *In*: Morton B. The Marine Flora and Fauna of Hong Kong and Southern China III, Hong Kong: Hong Kong University Press: 157-180.

Erséus C. 1992b. Oligochaeta from Hoi Ha Wan. *In*: Morton B. The Marine Flora and Fauna of Hong Kong and Southern China III. Hong Kong: Hong Kong University Press: 909-917.

Erséus C. 1997a. Additional notes on the taxonomy of the marine Oligochaeta of Hong Kong, with a description of a new species of Tubificidae. *In*: Morton B. Proceedings of the Eighth International Marine Biological Workshop: The Marine Flora and Fauna of Hong Kong and Southern China. The Marine Flora and Fauna of Hong Kong and Southern China IV. Hong Kong: Hong Kong University Press: 37-50.

Erséus C. 1997b. The marine Tubificidae (Oligochaeta) of Darwin Harbour, Northern Territory, Australia, with descriptions of fifteen new species. *In*: Hanley R H, Caswell G, Megirian D, et al. The Marine Flora and Fauna of Darwin Harbour, Northern Territory, Australia. Museums and Art Galleries of the Northern Darwin: Territory and the Australian Marine Sciences Association: 99-132.

Erséus C, Sun D, Liang Y L, et al. 1990. Marine Oligochaeta of Jiaozhou Bay, Yellow Sea coast of China. Hydrobiologia, 202: 107-124.

Erséus C, Jamieson B G M. 1981. Two new genera of marine Tubificidae (Oligochaeta) from Australia's Great Barrier Reef. Zoologica Scripta, 10(2): 105-110.

Fauchald K. 1977. The polychaete worms: Definitions and keys to the orders, families and genera. Natural History Museum of Los Angeles County Science, 28: 1-188.

Finogenova N P, Shurova N M. 1980. A new species of the genus *Aktedrilus* (Oligochaeta, Tubificidae) of the littoral zone of the sea of Japan. Coastal Plankton and Benthos in the Northern Parts of the Sea of Japan, 65-69.

George J D, Hartmann-Schröder G. 1985. Polychaetes: British Amphinomida, Spintherida and Eunicida. Keys and Notes for the Identification of The Species. London: Brill: 221.

Grube A E. 1850. Die Familien der Anneliden. Archiv für Naturgeschichte, 16(1): 249-364.

Hrabě S. 1941. Zur Kenntnis der Oligochaeten aus der Donau. Acta Societatis Scientiarum Naturalium Moravicae, 13(12): 1-36.

Hrabě S. 1967. Two new species of the family Tubificidae from the Black Sea, with remarks about various species of the subfamily Tubificinae. Spisy prirodovedecké fakulty, Universita v Brne, 485: 331-356.

Hrabě S. 1971. A note on the Oligochaeta of the Black Sea. Vestnik Ceskoslovenské spolecnosti Zoologické, 35:32-34.

Jamieson B G M. 1978. Phylogenetic and phenetic systematic of the Opisthoporous Oligochaeta (Annelida: Clitellata), Evolutionary Theory, 3: 195-233.

Jamieson B G M. 1988. On the phylogeny and higher classification of the oligochaeta. Cladistics, 4:367-410.

Lasserre P. 1976. Oligochètes marins des Bermudes. Nouvelles espèces et remarques sur la distribution géographique de quelques Tubificidae et Enchytraeidae. Cahiers de Biologie Marine, 17: 447-462.

Levinsen G M R. 1884. Systematisk-geografisk Oversigt over de nordiske Annulata, Gephyrea, Chaetognathi og Balanoglossi. Videnskabelige Meddelelser fra den naturhistoriske Forening i Kjöbenhavn, 45(1883): 92-350.

Michaelsen W. 1900. Das Tierreich: eine Zusammenstellung und Kennzeichnung der rezenten Tierformen. Berlin: Verlag von Friedlander und Sohn: 234-318.

Michaelsen W. 1921. Neue und wenig bekannte Oligochaten aus skandinavischen Sammlungen. Arkiv för Zoologi, 13(19): 1-25.

Michaelsen W. 1930. Ein schlangenahulicher regenwurm aus bergwaldern der Insel Luzon. Philippine Journal of Science, Manila, 41: 273-280.

Moore J P. 1902. Some Bermuda Oligochaeta, with a description of a new species. Proceedings of the Academy of Natural Sciences of Philadelphia: 80-84.

Müller O F. 1784. Zoologia danica seu animalium Daniae et Norvegiae rariorum ac minus notorum historia descriptiones et historia. Weygand, 2: 1-124.

Nishikawa T. 2004. Synonymy of the West-Pacific echiuran *Listriuolobus sorbillans* (Echiura: Echiuridae), with taxonomic notes towards a generic revision. Species Diversity, 9: 109-123.

Örsted A S. 1844. De regionibus marinis. Elementa topographiae historiconaturalis freti Oeresund. Copenhagen: PhD thesis, University of Copenhagen: 88.

Pettibone M H. 1982. Annelida. *In*: Parker S B. Synopsis and Classification of Living Organisms. New York: McGraw Hill: 1-43.

Quatrefages A. 1866. Histoire naturelle des Annelés marins et d'eau douce: Annélides et Géphyriens. Paris: Librairie encyclopédique de Roret: 588.

Qiu J P. 1998. Inteprétation environnmentale intégrée de caractétistiques taxonomiques etpaléogéographiques de la biodiversité. Application aux Lumbricoidea, Oligochaeta) du pourtour de la Méditerranée occidentale. Hérault: Thèse doctorale de Univeristé Montpellier II: 1-594.

Rouse G W, Fauchald K. 1997. Cladistics and Polychaetes. Zoologica Scripta, 26: 139-204.

Struck T H, Paul C, Hill N, et al. 2011. Phylogenomic analyses unravel annelid evolution. Nature, 471: 95-98.

Uschakov P V. 1955. Polychaeta of the Far Eastern Seas of the USSR. Moscow: Academy of Science Press in Russian: 518.

Vejdovsky F. 1884. System und Morphologie der Oligochaeten. Praha: Franz Řivnáč: 166.

Wang H, Erséus C. 2001. Marine Phallodrilinae (Oligochaeta, Tubificidae) of Hainan Island in Southern China. Hydrobiologia, 462(1): 199-204.

Wang H, Erseus C. 2003. Marine species of *Ainudrilus* and *Heterodrilus* (Oligochaeta: Tubificidae: Rhyacodrilinae) from Hainan Island in Southern China. New Zealand Journal of Marine and Freshwater Research, 37(1): 205-219.

Wang H, Erséus C. 2004. New species of *Doliodrilus* and other Limnodriloidinae (Oligochaeta, Tubificidae) from Hainan and other parts of the north-west Pacific Ocean. Journal of Natural History, 38(3): 269-299.

Weigert A, Bleidorn C. 2016. Current status of annelid phylogeny. Organisms Diversity and Evolution, 16: 345-362.

Weigert A, Helm C, Meyer M, et al. 2014. Illuminating the base of the annelid treeusing transcriptomics. Molecular Biology and Evolution, 31: 1391-1401.

Yamaguchi H. 1953. Studies on the Aquatic Oligochaeta of Japan VI. A systematic report, with some remarks on the classification and phylogeny of the Oligochaeta. Journal of the Faculty of Science, Hokkaido University, 11: 278-342.

第十一章　星虫动物门 Sipuncula

第一节　星虫动物门概述

星虫动物门 Sipuncula 是一类两侧对称、不分节、具真体腔和翻吻的蠕虫状无脊椎动物。因口周围的触手展开呈星芒状，故称星虫。身体长筒状，形似蠕虫，不具体节，无疣足，亦无刚毛。一般体长 10 cm 左右，最大可达 30 ～ 40 cm。身体分为前部较细的吻部和后区较粗的躯干部。吻是摄食和钻穴的辅助器官。吻前端具口，口的周围有触手。吻后是较粗的躯干，在躯干前端腹面的两个开口是肾孔，背面中央开口是肛门。多数种类体表具乳突，因而表面较粗糙。在珊瑚礁中生活的星虫，躯干前常具钙质或角质的盾，有的后端还具钙质尾盾。体壁与环节动物相似，包括角质层、表皮、环肌、纵肌及体腔膜。体腔宽大，无隔膜，充满体腔液和变形细胞。体腔内具 2 条或 4 条收吻肌，前端连接吻部，后方附着在体腔壁上。消化管为 U 形的螺旋管道，通常长达体长的 2 倍，包括口、食道、中肠、直肠、直肠盲囊、肛门等。循环系统包括背血管、围脑神经节血窦、血管丛等，其中背血管有收缩作用。无专门的呼吸器官。排泄器官为一对后肾管。中枢神经包括脑神经节、环食道神经环和腹神经索。雌雄异体，生殖腺生在收吻肌基部的腹膜上，生殖细胞经肾管排出体外。体外受精，发育过程具担轮幼虫。

星虫全部生活于海洋中，除幼虫期外，皆营底栖生活。多数种类栖息在热带和亚热带浅海泥沙和珊瑚礁内。摄食小型动物、藻类、泥沙中的有机物等。已知 300 余种（WoRMS 网站收录 161 种，表 1-2），分为革囊星虫纲 Phascolosomatidea 和方格星虫纲 Sipunculidea 2 纲。

第二节　中国近海星虫动物门代表类群分类系统

中国近海常见星虫动物门动物共包括 2 纲 3 目 6 科，其分类体系如下：

星虫动物门 Sipuncula
- 革囊星虫纲 Phascolosomatidea
  - 盾管星虫目 Aspidosiphonida
    - 盾管星虫科 Aspidosiphonidae Baird, 1868
    - 反体星虫科 Antillesomatidae Kawauchi, Sharma & Giribet, 2012
  - 革囊星虫目 Phascolosomatida
    - 革囊星虫科 Phascolosomatidae Stephen & Edmonds, 1972
- 方格星虫纲 Sipunculidea
  - 戈芬星虫目 Golfingiida
    - 戈芬星虫科 Golfingiidae Stephen & Edmonds, 1972
    - 方格星虫科 Sipunculidae Rafinesque, 1814
    - 管体星虫科 Siphonosomatidae Kawanchi, Sharma & Giribet, 2012

参考文献

唐质灿 . 2008. 星虫门 Sipuncula. 见 : 刘瑞玉 . 中国海洋生物名录 . 北京 : 科学出版社 : 452-454.

周红 , 李凤鲁 , 王玮 . 2007. 中国动物志 : 无脊椎动物 第四十六卷 星虫动物门 螠虫动物门 . 北京 : 科学出版社 : 206.

Kawauchi G Y, Sharma P P, Giribet G. 2012. Sipunculan phylogeny based on six genes, with a new classification and the descriptions of two new families. Zoologica Scripta, 41: 186-210.

Pagola-Carte S, Saiz-Salinas J I. 2000. Sipuncula from Hainan Island (China). Journal of Natural History, 34: 2187-2207.

第十二章　软体动物门 Mollusca

第一节　软体动物门概述

软体动物种类繁多，分布广泛，现存物种 8.5 万种以上，大多数为海生种，占所有海洋生物的 23%，是动物界第二大门，也是海洋生物中最大的一个门。软体动物是一个相当古老的类群，最早的化石记录可追溯到寒武纪初期，为距今约 5.55 亿年的金伯拉虫和距今约 5.05 亿年的威瓦亚虫。在中国及西伯利亚寒武纪早期岩层中发现的距今约 5.40 亿年的太阳女神螺也被认为是一种具有蜗牛状外壳的早期软体动物。尽管其起源初期和进化早期的化石未被充分发掘，人们推测软体动物的祖先起源于前寒武纪时期的浅海。

软体动物一般身体两侧对称或次生不对称，具有 3 个胚层和真体腔，但其真体腔不发达，仅存在于围心腔及生殖腔腺中。身体通常可分为头、足、内脏团和外套膜 4 部分。头部具有口、眼、触手等感觉器官。除双壳纲外，口后有一膨大的口腔，口腔内有颚片和齿舌。颚片位于前部，具有摄取食物的作用。齿舌位于口腔底部，为软体动物独有的器官，由横列的角质小齿组成。足为运动器官，通常呈叶状、斧状或柱状，营固着生活的种类成体时足退化。内脏团为内脏器官，具有消化、循环和生殖等功能。外套膜是身体背侧皮肤褶皱向下延伸而形成的薄膜。外套膜与内脏团之间与外界相通的空腔为外套腔，大多数种类腔内有鳃。通常排泄孔、生殖孔及肛门的开口位于外套腔内。软体动物通常体被外套膜分泌的石灰质贝壳，贝壳从外到内可分为角质层、棱柱层和珍珠层。贝壳的形态及其上的纹、刺、肋、齿等是重要的分类依据。一些种类在外套膜受到微小异物侵入刺激后，受刺激的外套膜上皮细胞会形成珍珠囊，由囊分泌珍珠质，将异物包住，形成珍珠。

软体动物具有完整的消化道，出现了呼吸与循环系统，并进化出了比原肾更先进的后肾。除一些具有快速游泳能力的种类外，软体动物的循环系统为开管循环。循环系统由心脏、血管和血窦组成。血液一般无色，有些种类含有血红素和血青素（又称血蓝蛋白），血液呈红色或青色。一般软体动物是雌雄异体，体外受精。受精卵经螺旋卵裂，囊胚孔发育为成体的口，经内线或外包法形成原肠胚，由原肠胚发育成幼虫。软体动物的个体发育经过担轮幼虫和面盘幼虫时期，少数淡水种还有钩介幼虫。腹足纲在面盘幼虫时期还会发生壳和内脏团在其头和足部上方扭转 180° 的现象，这是动物形态发生中一个难以解释的复杂过程。对于扭转产生的原因、带来的好处及其与壳的螺转之间的联系尚无定论。

人们很早就开始研究软体动物，最初的研究只针对软体动物贝壳。1681 年，意大利学者 Filippo Bonanni 发表了世界上首本关于软体动物贝壳的书。1795 年，Georges Cuvier 正式提出了软体动物的概念，他的工作标志着由早先仅研究贝壳的贝类学逐渐转为研究软体动物整体的软体动物学。软体动物学的概念最终于 1825 年由法国生物学家 Ducrotay de Blainville 完成。

软体动物是海洋中最多样化的门类之一，对其分类历来富有争议。早期的博物学家和贝类收藏家对软体动物进行了最初的分类尝试。20 世纪中前期，Thiele、Wenz、Hyman 等的一系列研究工作极大地推动了软体动物分类学的发展。20 世纪末期，随着扫描电镜、透射电镜、分子生物学技术的发明和应用，对软体动物的分类又有了长足的进步，新的类群和分类特征每年都在增加。目前通常将软体动物门分为尾腔纲、无板纲、多板纲、单板纲、腹足纲、掘足纲、双壳纲、头足纲、喙壳纲和太阳女神螺纲，也有人将尾腔纲和无板纲统一为尾腔纲。喙壳纲和太阳女神螺纲已经灭绝，为化石种。在 World Register of Marine Species（WoRMS）网站中将软体动物门划分为 9 个纲，收录 50 167 种（表 1-2），并未收录太阳女神螺纲。现存类群中尾腔纲、无板纲和单板纲种类数极少，较为罕见，故常见的软体动物主要有多板纲、腹足纲、掘足纲、双壳纲和头足纲 5 大类。

第二节　中国近海底栖软体动物门分类系统

中国近海底栖软体动物门动物共包括 5 纲 37 目 210 科，其分类体系如下：

软体动物门 Mollusca
- 多板纲 Polyplacophora
  - 石鳖目 Chitonida
    - 隐板石鳖科 Cryptoplacidae H. Adams & A. Adams, 1858
    - 石鳖科 Chitonidae Rafinesque, 1815
    - 毛肤石鳖科 Acanthochitonidae Pilsbry, 1893
    - 锉石鳖科 Ischnochitonidae Dall, 1889
    - 鬃毛石鳖科 Mopaliidae Dall, 1889
- 掘足纲 Scaphopoda
  - 角贝目 Dentaliida
    - 角贝科 Dentaliidae Children, 1834
    - 光角贝科 Laevidentaliidae Palmer, 1974
    - 丽角贝科 Calliodentaliidae Chistikov, 1975
    - 狭缝角贝科 Fustiariidae Steiner, 1991
    - 滑角贝科 Gadilinidae Chistikov, 1975
  - 梭角贝目 Gadilida
    - 梭角贝科 Gadilidae Stoliczka, 1868
- 腹足纲 Gastropoda
  - 帽贝亚纲 Patellogastropoda
    - 帽贝总科 Patelloidea Rafinesque, 1815
      - 花帽贝科 Nacellidae Thiele, 1891
      - 帽贝科 Patellidae Rafinesque, 1815
    - 青螺总科 Lottioidea Gray, 1840
      - 笠贝科 Acmaeidae Forbes, 1850

青螺科 Lottiidae Gray, 1840
新进腹足亚纲 Caenogastropoda
蟹守螺总科 Cerithioidea J. Fleming, 1822
蟹守螺科 Cerithiidae J. Fleming, 1822
平轴螺科 Planaxidae Gray, 1850
汇螺科 Potamididae H. Adams & A. Adams, 1854
壳螺科 Siliquariidae Anton, 1838
锥螺科 Turritellidae Lovén, 1847
梯螺总科 Epitonioidea Berry, 1910 (1812)
梯螺科 Epitoniidae Berry, 1910 (1812)
三口螺总科 Triphoroidea Gray, 1847
三口螺科 Triphoridae Gray, 1847
滨螺形目 Littorinimorpha
豆螺科 Bithyniidae Gray, 1857
觽螺科 Hydrobiidae Stimpson, 1865
滨螺科 Littorinidae Children, 1834
狭口螺科 Stenothyridae Tryon, 1866
麂眼螺科 Rissoidae Gray, 1847
金环螺科 Iravadiidae Thiele, 1928
拟沼螺科 Assimineidae H. Adams & A. Adams, 1856
玻璃螺科 Vitrinellidae Bush, 1897
蛇螺科 Vermetidae Rafinesque, 1815
尖帽螺科 Capulidae J. Fleming, 1822
帆螺科 Calyptraeidae Lamarck, 1809
凤螺科 Strombidae Rafinesque, 1815
钻螺科 Seraphsidae Gray, 1853
瓦尼沟螺科 Vanikoridae Gray, 1840
光螺科 Eulimidae Philippi, 1853
鹅绒螺科 Velutinidae Gray, 1840
宝贝科 Cypraeidae Rafinesque, 1815
梭螺科 Ovulidae J. Fleming, 1822
冠螺科 Cassidae Latreille, 1825
琵琶螺科 Ficidae Meek, 1864 (1840)
嵌线螺科 Cymatiidae Iredale, 1913
法螺科 Charoniidae Powell, 1933
爱神螺科 Eratoidae Gill, 1871
扭螺科 Personidae Gray, 1854
马掌螺科 Hipponicidae Troschel, 1861
轮螺科 Architectonicidae Gray, 1850

衣笠螺科 Xenophoridae Troschel, 1852 (1840)
锥螺科 Turritellidae Lovén, 1847
玉螺科 Naticidae Guilding, 1834
鹑螺科 Tonnidae Suter, 1913 (1825)
蛙螺科 Bursidae Thiele, 1925
田螺科 Viviparidae Gray, 1847
肋蜷科 Pleuroceridae P. Fischer, 1885（1863）
跑螺科 Thiaridae Gill, 1871（1823）
新腹足目 Neogastropoda
芒果螺科 Mangeliidae P. Fischer, 1883
细带螺科 Fasciolariidae Gray, 1853
衲螺科 Cancellariidae Forbes & Hanley, 1851
缘螺科 Marginellidae J. Fleming, 1828
塔螺科 Turridae H. Adams & A. Adams, 1853 (1838)
格纹螺科 Clathurellidae H. Adams & A. Adams, 1858
钟螺科 Horaiclavidae Bouchet, Kantor, Sysoev & Puillandre, 2011
西美螺科 Pseudomelatomidae J. P. E. Morrison, 1966
棒螺科 Clavatulidae Gray, 1853
棒塔螺科 Drilliidae Olsson, 1964
芋螺科 Conidae J. Fleming, 1822
笋螺科 Terebridae Mörch, 1852
涡螺科 Volutidae Rafinesque, 1815
榧螺科 Olividae Latreille, 1825
笔螺科 Mitridae Swainson, 1831
肋脊笔螺科 Costellariidae MacDonald, 1860
核螺科 Columbellidae Swainson, 1840
织纹螺科 Nassariidae Iredale, 1916 (1835)
骨螺科 Muricidae Rafinesque, 1815
蛇首螺科 Colubrariidae Dall, 1904
蛾螺科 Buccinidae Rafinesque, 1815
土产螺科 Pisaniidae Gray, 1857
盔螺科 Melongenidae Gill, 1871 (1854)
古腹足亚纲 Vetigastropoda
小笠螺目 Lepetellida
钥孔蝛科 Fissurellidae J. Fleming, 1822
鲍科 Haliotidae Rafinesque, 1815
马蹄螺目 Trochida
丽口螺科 Calliostomatidae Thiele, 1924 (1847)
小阳螺科 Solariellidae Powell, 1951

马蹄螺科 Trochidae Rafinesque, 1815
蝾螺科 Turbinidae Rafinesque, 1815
蜑形亚纲 Neritimorpha
蜑螺目 Cycloneritida
蜑螺科 Neritidae Rafinesque, 1815
异鳃亚纲 Heterobranchia
轮螺总科 Architectonicoidea Gray, 1850
轮螺科 Architectonicidae Gray, 1850
小塔螺总科 Pyramidelloidea Gray, 1840
小塔螺科 Pyramidellidae Gray, 1840
愚螺科 Amathinidae Ponder, 1987
头楯目 Cephalaspidea
枣螺科 Bullidae Gray, 1827
长葡萄螺科 Haminoeidae Pilsbry, 1895
囊螺科 Retusidae Thiele, 1925
尖卷螺科 Rhizoridae Dell, 1952
三叉螺科 Cylichnidae H. Adams & A. Adams, 1854
柱核螺科 Mnestiidae Oskars, Bouchet & Malaquias, 2015
壳蛞蝓科 Philinidae Gray, 1850 (1815)
泊螺科 Scaphandridae G.O. Sars, 1878
拟捻螺科 Tornatinidae P. Fischer, 1883
腹翼螺科 Gastropteridae Swainson, 1840
拟海牛科 Aglajidae Pilsbry, 1895 (1847)
捻螺总科 Acteonoidea d'Orbigny, 1842
捻螺科 Acteonidae d'Orbigny, 1842
饰纹螺科 Aplustridae Gray, 1847
露齿螺总科 Ringiculoidea Philippi, 1853
露齿螺科 Ringiculidae Philippi, 1853
长足螺总科 Oxynooidea Stoliczka, 1868 (1847)
筒柱螺科 Cylindrobullidae Thiele, 1931
圆卷螺科 Volvatellidae Pilsbry, 1895
海兔目 Aplysiida
海兔科 Aplysiidae Lamarck, 1809
无角螺科 Akeridae Mazzarelli, 1891
翼足目 Pteropoda
龟螺科 Cavoliniidae Gray, 1850 (1815)
舴艋螺科 Cymbuliidae Gray, 1840
侧鳃目 Pleurobranchia
侧鳃科 Pleurobranchidae Gray, 1827

裸鳃目 Nudibranchia
片鳃科 Arminidae Iredale & O'Donoghue, 1923 (1841)
盘海牛科 Discodorididae Bergh, 1891
仿海牛科 Dorididae Rafinesque, 1815
枝鳃海牛科 Dendrodorididae O'Donoghue, 1924 (1864)
多彩海牛科 Chromodorididae Bergh, 1891
隅海牛科 Goniodorididae H. Adams & A. Adams, 1854
多角海牛科 Polyceridae Alder & Hancock, 1845
三歧海牛科 Tritoniidae Lamarck, 1809
多蓑海牛科 Aeolidiidae Gray, 1827
羽叶鳃目 Runcinida
羽叶鳃科 Runcinidae H. Adams & A. Adams, 1854
耳螺目 Ellobiida
耳螺科 Ellobiidae L. Pfeiffer, 1854 (1822)
菊花螺目 Siphonariida
菊花螺科 Siphonariidae Gray, 1827
柄眼目 Systellommatophora
石磺科 Onchidiidae Rafinesque, 1815
烟管螺科 Clausiliidae Gray，1855
双壳纲 Bivalvia
原鳃亚纲 Protobranchia
胡桃蛤目 Nuculida
胡桃蛤科 Nuculidae Gray, 1824
吻状蛤目 Nuculanida
吻状蛤科 Nuculanidae H. Adams & A. Adams, 1858 (1854)
云母蛤科 Yoldiidae Dall, 1908
廷达蛤科 Tindariidae Verrill & Bush, 1897
复鳃亚纲 Autobranchia
翼形下纲 Pteriomorphia
蚶目 Arcida
蚶科 Arcidae Lamarck, 1809
细饰蚶科 Noetiidae Stewart, 1930
帽蚶科 Cucullaeidae Stewart, 1930
蚶蜊科 Glycymerididae Dall, 1908 (1847)
拟锉蛤科 Limopsidae Dall, 1895
贻贝目 Mytilida
贻贝科 Mytilidae Rafinesque, 1815
牡蛎目 Ostreida
缘曲牡蛎科 Gryphaeidae Vialov, 1936

牡蛎科 Ostreidae Rafinesque, 1815
珠母贝科 Margaritidae Blainville, 1824
江珧科 Pinnidae Leach, 1819
珍珠贝科 Pteriidae Gray, 1847 (1820)
钳蛤科 Isognomonidae Woodring, 1925 (1828)
扇贝目 Pectinida
扇贝科 Pectinidae Rafinesque, 1815
不等蛤科 Anomiidae Rafinesque, 1815
海菊蛤科 Spondylidae Gray, 1826
海月蛤科 Placunidae Rafinesque, 1815
襞蛤科 Plicatulidae Gray, 1854
锉蛤目 Limida
锉蛤科 Limidae Rafinesque, 1815
总异齿下纲 Heteroconchia
心蛤目 Carditida
心蛤科 Carditidae Férussac, 1822
厚壳蛤科 Crassatellidae Férussac, 1822
不等齿总目 Imparidentia
帘蛤目 Venerida
棱蛤科 Trapezidae Lamy, 1920 (1895)
猿头蛤科 Chamidae Lamarck, 1809
蚬科 Cyrenidae Gray, 1840
绿螂科 Glauconomidae Gray, 1853
同心蛤科 Glossidae Gray, 1847 (1840)
小凯利蛤科 Kelliellidae P. Fischer, 1887
蛤蜊科 Mactridae Lamarck, 1809
帘蛤科 Veneridae Rafinesque, 1815
中带蛤科 Mesodesmatidae Gray, 1840
蹄蛤科 Ungulinidae Gray, 1854
满月蛤目 Lucinida
满月蛤科 Lucinidae J. Fleming, 1828
索足蛤科 Thyasiridae Dall, 1900 (1895)
鼬眼蛤目 Galeommatida
杂系蛤科 Basterotiidae Cossmann, 1909
鼬眼蛤科 Galeommatidae Gray, 1840
拉沙蛤科 Lasaeidae Gray, 1842
鸟蛤目 Cardiida
鸟蛤科 Cardiidae Lamarck, 1809
斧蛤科 Donacidae J. Fleming, 1828

紫云蛤科 Psammobiidae J. Fleming, 1828
双带蛤科 Semelidae Stoliczka, 1870 (1825)
樱蛤科 Tellinidae Blainville, 1814
截蛏科 Solecurtidae d'Orbigny, 1846
贫齿目 Adapedonta
缝栖蛤科 Hiatellidae Gray, 1824
竹蛏科 Solenidae Lamarck, 1809
灯塔蛤科 Pharidae H. Adams & A. Adams, 1856
海螂目 Myida
海螂科 Myidae Lamarck, 1809
篮蛤科 Corbulidae Lamarck, 1818
海笋科 Pholadidae Lamarck, 1809
船蛆科 Teredinidae Rafinesque, 1815
开腹蛤目 Gastrochaenida
开腹蛤科 Gastrochaenidae Gray, 1840
异韧带总目 Anomalodesmata
里昂司蛤科 Lyonsiidae P. Fischer, 1887
帮斗蛤科 Pandoridae Rafinesque, 1815
螂猿头蛤科 Myochamidae Carpenter, 1861
短吻蛤科 Periplomatidae Dall, 1895
鸭嘴蛤科 Laternulidae Hedley, 1918 (1840)
色雷西蛤科 Thraciidae Stoliczka, 1870 (1839)
孔螂科 Poromyidae Dall, 1886
杓蛤科 Cuspidariidae Dall, 1886
头足纲 Cephalopoda
鹦鹉螺亚纲 Nautiloidea
鹦鹉螺目 Nautilida
鹦鹉螺科 Nautilidae Blainville, 1825
鞘亚纲 Coleoidea
开眼目 Oegopsida
小头乌贼科 Cranchiidae Prosch, 1847
武装乌贼科 Enoploteuthidae Pfeffer, 1900
爪乌贼科 Onychoteuthidae Gray, 1847
手乌贼科 Chiroteuthidae Gray, 1849
鞭乌贼科 Mastigoteuthidae Verrill, 1881
柔鱼科 Ommastrephidae Steenstrup, 1857
臂乌贼科 Brachioteuthidae Pfeffer, 1908
栉鳍乌贼科 Chtenopterygidae Grimpe, 1922
菱鳍乌贼科 Thysanoteuthidae Keferstein, 1866

鞘乌贼科 Octopoteuthidae Berry, 1912
帆乌贼科 Histioteuthidae Verrill, 1881
闭眼目 Myopsida
枪乌贼科 Loliginidae Lesueur, 1821
澳洲乌贼科 Australiteuthidae Lu, 2005
乌贼目 Sepioidea
乌贼科 Sepiidae Leach, 1817
耳乌贼科 Sepiolidae Leach, 1817
微鳍乌贼科 Idiosepiidae Appellöf, 1898
八腕目 Octopoda
十字蛸科 Stauroteuthidae Grimpe, 1916
面蛸科 Opisthoteuthidae Verrill, 1896
水孔蛸科 Tremoctopodidae Tryon, 1879
快蛸科 Ocythoidae Gray, 1849
异夫蛸科 Alloposidae Verrill, 1881
船蛸科 Argonautidae Cantraine, 1841
水母蛸科 Amphitretidae Hoyle, 1886
蛸科 Octopodidae d'Orbigny, 1840

第三节　中国近海底栖软体动物门分类检索表

一、纲级阶元检索表

中国近海底栖软体动物门 Mollusca 分纲检索表

1. 贝壳为外壳……………………………………………………………………………………… 2
– 原始种类具外壳，多数为内壳或无壳，仅鹦鹉螺具有外壳 ……………………… 头足纲 Cephalopoda
2. 单贝壳…………………………………………………………………………………………… 3
– 多贝壳…………………………………………………………………………………………… 5
3. 由发生初期的两个壳原基合并成一个，具长圆锥形稍弯曲的管状贝壳 …………掘足纲 Scaphopoda
– 一直只有一个贝壳……………………………………………………………………………… 4
4. 有一个帽状或匙形的贝壳，有 2 ～ 8 对对称的肌痕 …………………………单板纲 Monoplacophora
– 体外多被一个螺旋形贝壳，多数种类为右旋，少数为左旋 ………………………… 腹足纲 Gastropoda
5. 贝壳一对，一般左右对称，也有不对称的，贝壳中央特别突出的一部分略向前方倾斜，为壳顶，以壳顶为中心有同环状排列的生长线，有的种类有自壳顶向腹缘放射的肋或沟。壳顶前方常有一小凹陷，称小月面，壳顶为盾，壳的背缘较厚，于此处常有齿和齿及齿槽相互吻合，为绞合部 ……………………………………………………………………………………………… 双壳纲 Bivalvia
– 背侧具 8 块石灰质贝壳，多是覆瓦状排列，前面一块半月形，中间 6 块结构一致，末块为元宝状，贝壳周围有一圈外套膜………………………………………………………………… 多板纲 Polyplacophora

中国近海底栖腹足纲 Gastropoda 分亚纲检索表

1. 贝壳低，无壳塔或退化，螺层少 ……………………………………………帽贝亚纲 Patellogastropoda
– 贝壳较高，有壳塔，螺层较多 ………………………………………………………………………… 2
2. 体螺层膨大，壳塔短…………………………………………………………… 蜑形亚纲 Neritimorpha
– 体螺层不膨大，壳顶较高 ……………………………………………………………………………… 3
3. 鳃位于心脏前方……………………………………………………………………………………… 4
– 鳃位于心脏后方………………………………………………………………异鳃亚纲 Heterobranchia
4. 有水管，齿舌在每一排上的齿仅有 1 齿或 3 齿 ……………………… 新进腹足亚纲 Caenogastropoda
– 没有水管，齿舌在每一排上的齿多于 3 个 ……………………………… 古腹足亚纲 Vetigastropoda

中国近海底栖头足纲 Cephalopoda 分亚纲检索表

具外壳，腕数十只，鳃 4 只 ……………………………………………………… 鹦鹉螺亚纲 Nautiloidea
– 具内壳或内壳退化，腕 10 只或 8 只，鳃 2 个………………………………………… 鞘亚纲 Coleoidea

中国近海底栖双壳纲 Bivalvia 分亚纲检索表

鳃简单，通常为原鳃型；铰合部有铰合齿，齿数多，1 列或分成前后 2 列，闭壳肌通常 2 个…………
……………………………………………………………………………………… 原鳃亚纲 Protobranchia
– 鳃发达或退化；铰合齿不成列，少或无 ………………………………………… 复鳃亚纲 Autobranchia

中国近海底栖复鳃亚纲 Autobranchia 分下纲检索表

一般具有前、后闭壳肌各 1 个，两者大小接近 ……………………………… 总异齿下纲 Heteroconchia
– 前闭壳肌小或完全退化，消失，呈单柱形 …………………………………… 翼形下纲 Pteriomorphia

二、目级阶元检索表

中国近海底栖异鳃亚纲 Heterobranchia 分目检索表

1. 贝壳发达，头盘肥厚呈履状 ……………………………………………………… 头楯目 Cephalaspidea
– 贝壳退化或无，无头盘………………………………………………………………………………… 2
2. 无本鳃，具两次性鳃…………………………………………………………………… 裸鳃目 Nudibranchia
– 具本鳃…………………………………………………………………………………………………… 3
3. 动物栖息于淡水及咸水水域 ……………………………………………………………… 耳螺目 Ellobiida
– 动物栖息于海洋………………………………………………………………………………………… 4
4. 腹足背部延展呈翼状……………………………………………………………………… 翼足目 Pteropoda
– 腹足背部无翼状延展，贝壳笠状 ……………………………………………………… 菊花螺目 Siphonariida

中国近海底栖原鳃亚纲 Protobranchia 分目检索表

壳型小，前后壳不等；壳内具珍珠层；无外韧带 ……………………………………… 胡桃蛤目 Nuculida
– 壳后部通常延伸呈吻状；壳内无珍珠层；具外韧带………………………………… 吻状蛤目 Nuculanida

中国近海底栖翼形下纲 Pteriomorphia 分目检索表

1. 铰合部齿多，直形排列在壳顶两侧；前、后闭壳肌大小相仿 ………………………………… 蚶目 Arcida

– 铰合部无齿，或为简单凸起；后闭壳肌大，前闭壳肌小或无 …… 2
2. 壳呈圆盘形或圆扇形；壳顶前后方有耳状凸起，耳不呈翼状 …… 3
– 壳顶不具耳状凸起或具凸起呈翼状 …… 4
3. 壳长卵圆形或近三角形；耳小不发达；壳顶分离，有开孔 ……锉蛤目 Limida
– 壳近圆盘形，前后耳发达，耳下方有足丝孔 …… 扇贝目 Pectinida
4. 壳楔形或近三角形，两壳大约相等；壳型小；具足丝，发达 ……贻贝目 Mytilida
– 壳型大或厚，具明显珍珠光泽；两壳通常不等，常一侧固着 ……牡蛎目 Ostreida

中国近海底栖总异齿下纲 Heteroconchia 分目检索表

铰合齿缺乏或较弱，壳顶常具有匙状韧带槽 …… 异韧带总目 Anomalodesmata
– 铰合齿异齿型、厚齿型或不发育；具真正的瓣鳃 ……不等齿总目 Imparidentia

中国近海底栖鞘亚纲 Coleoidea 分目检索表

1. 腕 8 只……八腕目 Octopoda
– 腕 10 只 …… 2
2. 内壳石灰质…… 乌贼目 Sepioidea
– 内壳角质…… 3
3. 眼眶外不具膜…… 开眼目 Oegopsida
– 眼眶外具膜…… 闭眼目 Myopsida

三、科级阶元检索表

石鳖目 Chitonida 分科检索表

1. 壳板较小，其宽度约等于或明显小于环带的宽度 ……
……隐板石鳖科 Cryptoplacidae H. Adams & A. Adams, 1858
– 壳板大，其宽度明显大于环带的宽度 …… 2
2. 壳环表面有粒状突起…… 石鳖科 Chitonidae Rafinesque, 1815
– 壳环表面有针、鳞或鬃毛状突起 …… 3
3. 环带的棘相间排列，呈带状 ……毛肤石鳖科 Acanthochitonidae Pilsbry, 1893
– 环带无棘，若有则呈不规则排列，不呈带状 …… 4
4. 壳板通常有明显的翼部，具各种雕刻，头板嵌入片有变化 …… 锉石鳖科 Ischnochitonidae Dall, 1889
– 壳板通常无明显的翼部，不具各种雕刻，头板嵌入片有 8 个齿裂 … 鬃毛石鳖科 Mopaliidae Dall, 1889

滨螺形目 Littorinimorpha 分科检索表

1. 动物栖息于淡水或咸淡水 …… 2
– 动物栖息于海洋…… 8
2. 贝壳为大型或中等大小，外形多呈陀螺形、长圆锥形或塔形 …… 3
– 贝壳多为小型，壳高小于 15 mm …… 5
3. 外形多呈陀螺形；雄性右触角比左触角短而膨大，变为交接器官 …… 田螺科 Viviparidae Gray, 1847
– 外形多呈长圆锥形、塔形；雄性右触角不形成交接器官 …… 4

4\. 外套膜边缘光滑……………………………………………… 肋蜷科 Pleuroceridae P. Fischer, 1885 (1863)

– 外套膜边缘具有乳头状突起 ……………………………………… 跑螺科 Thiaridae Gill, 1871 (1823)

5\. 厣为石灰质……………………………………………………………… 豆螺科 Bithyniidae Gray, 1857

– 厣为角质………………………………………………………………………………………………… 6

6\. 动物具有长的触角……………………………………………………………………………………… 7

– 动物无真正的触角，具有眼柄 ………………… 拟沼螺科 Assimineidae H. Adams & A. Adams, 1856

7\. 厣内面具有突起的棱……………………………………………… 狭口螺科 Stenothyridae Tryon, 1866

– 厣内面光滑………………………………………………………… 觿螺科 Hydrobiidae Stimpson, 1865

8\. 固着生活…………………………………………………………… 蛇螺科 Vermetidae Rafinesque, 1815

– 自由生活………………………………………………………………………………………………… 9

9\. 小型种，栖潮间带上部…………………………………………… 滨螺科 Littorinidae Children, 1834

– 中小型或中型，栖潮间带中下部或浅海 ………………………………………………………………10

10\. 岩礁或其他基物匍匐生活，外壳呈马蹄形 ………………… 马掌螺科 Hipponicidae Troschel, 1861

– 泥沙生境底栖生活，外壳非马蹄形 ……………………………………………………………………11

11\. 外壳呈低圆锥形 ………………………………………………………………………………………12

– 外壳呈锥形、卵圆形或近圆形 …………………………………………………………………………13

12\. 壳呈轮状，壳面具雕刻及花纹 ………………………………… 轮螺科 Architectonicidae Gray, 1850

– 壳呈笠状，壳面具鳞片 …………………………… 衣笠螺科 Xenophoridae Troschel, 1852 (1840)

13\. 外壳呈锥形 …………………………………………………………… 锥螺科 Turritellidae Lovén, 1847

– 外壳呈卵圆形或近圆形 …………………………………………………………………………………14

14\. 壳表面光滑或见沟纹 ……………………………………………………………………………………15

– 壳表具粒状突起及两列发达的纵肿肋 ………………………………… 蛙螺科 Bursidae Thiele, 1925

15\. 中小型，壳质较厚，有厣 ………………………………………… 玉螺科 Naticidae Guilding, 1834

– 中型种，壳质较薄，无厣 ……………………………………… 鹑螺科 Tonnidae Suter, 1913 (1825)

新腹足目 Neogastropoda 分科检索表

1\. 贝壳大型或中型，呈盔状或纺锤状。前沟长 ………………………………………………………… 2

– 贝壳大型或中小型，形状多变。前沟短 ……………………………………………………………… 4

2\. 贝壳大型，呈纺锤状，壳表被带茸毛状外皮 ………………… 盔螺科 Melongenidae Gill, 1871 (1854)

– 贝壳中小型，壳表被不带茸毛的外皮或无 …………………………………………………………… 3

3\. 贝壳被外皮，呈长纺锤状，各螺层的交接处呈阶梯状 …………… 细带螺科 Fasciolariidae Gray, 1853

– 贝壳无外皮，呈塔状，各螺层间的交接处较平直 ……………………………………………………
……………………………………………………… 塔螺科 Turridae H. Adams & A. Adams, 1853 (1838)

4\. 贝壳小型，呈长笋状…………………………………………………… 笋螺科 Terebridae Mörch, 1852

– 贝壳大型或小型，呈陀螺形、纺锤形或卵圆形 ……………………………………………………… 5

5\. 贝壳大型或小型，体螺层极膨大，螺旋部低小 ……………………………………………………… 6

– 贝壳中小型，体螺层不十分膨大，螺旋部高 ………………………………………………………… 7

6\. 贝壳大型，呈梨形。壳口大，卵圆形 ………………………………… 涡螺科 Volutidae Rafinesque, 1815

– 贝壳小型，呈筒状。壳口小，狭长 ……………………………………… 榧螺科 Olividae Latreille, 1825

7. 贝壳小型，壳表面光滑……核螺科 Columbellidae Swainson, 1840
– 贝壳中小型，壳表光滑或具螺肋、结节或棘突……8
8. 贝壳小型，略呈枣核形，表面具粗肋……9
– 贝壳中小型，呈陀螺形或纺锤形……10
9. 壳表面的肋突起常与螺纹交织呈织纹状……织纹螺科 Nassariidae Iredale, 1916 (1835)
– 壳表的肋状突起发达，不与螺纹交织呈织纹状……衲螺科 Cancellariidae Forbes & Hanley, 1851
10. 齿舌的中央齿末端有 3 个强齿尖，侧齿仅一个齿尖……骨螺科 Muricidae Rafinesque, 1815
– 齿舌的中央齿有 3 ～ 7 个齿尖，侧齿通常有 2 个齿尖……蛾螺科 Buccinidae Rafinesque, 1815

头楯目 Cephalaspidea 分科检索表

1. 头楯、外套楯分开，本鳃在外套腔中，具侧足叶和贝壳……2
– 头楯、外套楯相愈合，无外套腔，本鳃在体右后侧，无侧足和贝壳……羽叶鳃科 Runcinidae H. Adams & A. Adams, 1854
2. 具有角质厣……捻螺科 Acteonidae d'Orbigny, 1842
– 无厣……3
3. 具有螺旋形的外壳……4
– 贝壳退化为内壳……13
4. 螺旋部明显……露齿螺科 Ringiculidae Philippi, 1853
– 螺旋部小……5
5. 螺旋部稍凸出壳顶，呈短锥形……拟捻螺科 Tornatinidae P. Fischer, 1883
– 螺旋部低平或内卷……6
6. 具有 3 块胃齿……7
– 无 3 块胃齿……10
7. 侧足为游泳器官……无角螺科 Akeridae Mazzarelli, 1891
– 侧足不是游泳器官……8
8. 有齿舌或颚片……9
– 无齿舌和颚片……囊螺科 Retusidae Thiele, 1925
9. 轴唇基部有 1 ～ 2 个褶齿……泊螺科 Scaphandridae G.O. Sars, 1878
– 轴唇基部无褶齿……长葡萄螺科 Haminoeidae Pilsbry，1895
10. 壳小 - 中型……11
– 壳中 - 大型……12
11. 壳呈筒柱形，壳顶具冠状突起……筒柱螺科 Cylindrobullidae Thiele, 1931
– 壳呈卵 – 梨形，壳顶尖细……圆卷螺科 Volvatellidae Pilsbry, 1895
12. 壳质厚，呈卵圆形……枣螺科 Bullidae Gray, 1827
– 壳质薄，呈泡状……饰纹螺科 Aplustridae Gray, 1847
13. 内壳鹦鹉螺状……腹翼螺科 Gastropteridae Swainson, 1840
– 内壳泡状或平板状……14
14. 有齿舌和胃齿……壳蛞蝓科 Philinidae Gray, 1850 (1815)
– 无齿舌和胃齿……拟海牛科 Aglajidae Pilsbry, 1895 (1847)

裸鳃目 Nudibranchia 分科检索表

1. 鳃羽状，数目较少，2 分叉或 3 分叉式。侧齿钩形或镰刀形 ······ 2
– 鳃数目多。侧齿呈钩状，近外缘双分叉或多分叉 ······ 多彩海牛科 Chromodorididae Bergh, 1891
2. 鳃羽状，2 分叉式，侧齿弯钩状 ······ 盘海牛科 Discodorididae Bergh, 1891
– 鳃羽状，3 分叉式，侧齿镰刀状 ······ 3
3. 侧齿数目多 ······ 仿海牛科 Dorididae Rafinesque, 1815
– 侧齿数目较少 ······ 枝鳃海牛科 Dendrodorididae O'Donoghue, 1924 (1864)

柄眼目 Systellommatophora 分科检索表

裸体无壳，呈长椭圆形 ······ 石磺科 Onchidiidae Rafinesque, 1815
– 有壳，贝壳呈细长塔形或纺锤形 ······ 烟管螺科 Clausiliidae Gray, 1855

吻状蛤目 Nuculanida 分科检索表

1. 壳厚重，圆形，铰合部无着带板 ······ 廷达蛤科 Tindariidae Verrill & Bush, 1897
– 壳后部延长，铰合部有着带板 ······ 2
2. 壳质薄，侧扁，后端尖 ······ 云母蛤科 Yoldiidae Dall, 1908
– 壳质厚，后端尖或后端延伸呈喙状 ······ 吻状蛤科 Nuculanidae H. Adams & A. Adams, 1858 (1854)

蚶目 Arcida 分科检索表

1. 两壳近相等，壳表平，壳近圆形或三角形 ······ 2
– 壳四边形或近卵圆形，两壳膨胀 ······ 3
2. 壳多倾斜，内韧带三角形 ······ 拟锉蛤科 Limopsidae Dall, 1895
– 壳近圆形，铰合部弓形，铰合齿强壮 ······ 蚶蜊科 Glycymerididae Dall, 1908 (1847)
3. 放射肋粗壮，腹缘凹陷或有裂缝 ······ 蚶科 Arcidae Lamarck, 1809
– 放射肋和生长线纤细；内缘具细齿 ······ 帽蚶科 Cucullaeidae Stewart, 1930
– 放射线细密，固着生活，韧带面长菱形 ······ 细饰蚶科 Noetiidae Stewart, 1930

牡蛎目 Ostreida 分科检索表

1. 以左壳固着生活 ······ 2
– 不以壳固着生活 ······ 3
2. 后肌痕圆形，近铰合部远腹缘 ······ 缘曲牡蛎科 Gryphaeidae Vialov, 1936
– 后肌痕肾脏形或新月形，近壳中部或腹缘 ······ 牡蛎科 Ostreidae Rafinesque, 1815
3. 壳大或特大，三角形或楔形 ······ 江珧科 Pinnidae Leach, 1819
– 壳不呈三角形或楔形 ······ 4
4. 壳具耳，一侧突出，整体呈鸟翼状 ······ 珍珠贝科 Pteriidae Gray, 1847 (1820)
– 壳具耳，不呈鸟翼状 ······ 5
5. 壳近圆形，铰合部直，具粒状齿 ······ 珠母贝科 Margaritidae Blainville, 1824
– 壳形大，不规则，铰合部无齿 ······ 钳蛤科 Isognomonidae Woodring, 1925 (1828)

扇贝目 Pectinida 分科检索表

1. 以右壳固着生活，左壳小，具扁棘刺 ······ 海菊蛤科 Spondylidae Gray, 1826

– 不以壳固着生活 ······ 2
2. 壳三角形或不规则椭圆形，无耳 ······ 襞蛤科 Plicatulidae Gray, 1854
– 壳具耳 ······ 3
3. 壳质薄 ······ 4
– 壳质厚，前耳大后耳小，具栉齿 ······ 扇贝科 Pectinidae Rafinesque, 1815
4. 两壳不等，铰合部无齿，韧带短小 ······ 不等蛤科 Anomiidae Rafinesque, 1815
– 壳较大，极扁平，铰合部有倒 V 字形长脊 ······ 海月蛤科 Placunidae Rafinesque, 1815

帘蛤目 Venerida 分科检索表

1. 两壳各有 3 个主齿 ······ 2
– 两壳上的主齿少于 3 个 ······ 5
2. 无侧齿 ······ 绿螂科 Glauconomidae Gray, 1853
– 有侧齿 ······ 3
3. 前侧齿与主齿愈合 ······ 棱蛤科 Trapezidae Lamy, 1920 (1895)
– 前侧齿与主齿不愈合 ······ 4
4. 无外套窦 ······ 蚬科 Cyrenidae Gray, 1840
– 有外套窦 ······ 帘蛤科 Veneridae Rafinesque, 1815
5. 两壳不相等 ······ 猿头蛤科 Chamidae Lamarck, 1809
– 两壳相等 ······ 6
6. 壳顶多内卷，同心刻纹发达 ······ 同心蛤科 Glossidae Gray, 1847 (1840)
– 壳顶不内卷 ······ 7
7. 外套线不具窦，壳型小 ······ 蹄蛤科 Ungulinidae Gray, 1854
– 外套线具窦，壳型大 ······ 8
8. 左壳铰合部有一附加片，内韧带发达 ······ 蛤蜊科 Mactridae Lamarck, 1809
– 左壳铰合部无附加片 ······ 中带蛤科 Mesodesmatidae Gray, 1840

满月蛤目 Lucinida 分科检索表

具 2 个主齿，后主齿大 ······ 满月蛤科 Lucinidae J. Fleming, 1828
– 铰合部多无齿，或有若齿 ······ 索足蛤科 Thyasiridae Dall, 1900 (1895)

鼬眼蛤目 Galeommatida 分科检索表

壳膨胀，壳顶突出，具 2 个主齿和 1 个后侧齿 ······ 拉沙蛤科 Lasaeidae Gray, 1842
– 铰合部不规则，具 1 个小结节状主齿 ······ 鼬眼蛤科 Galeommatidae Gray, 1840

鸟蛤目 Cardiida 分科检索表

1. 动物栖息于海洋 ······ 2
– 动物栖息于淡水或咸淡水水域 ······ 6
2. 具内韧带 ······ 双带蛤科 Semelidae Stoliczka, 1870
– 不具有内韧带 ······ 3
3. 壳极膨胀，近心形，铰合部主齿 1～2 枚 ······ 鸟蛤科 Cardiidae Lamarck, 1809
– 壳一般稍扁平，形多变，铰合部主齿 2 枚 ······ 4

4. 壳长卵形，壳两端多少开口 ……………………………… 紫云蛤科 Psammobiidae J. Fleming, 1828
– 壳呈圆形或楔形，壳仅一端稍开口或不开口 …………………………………………………… 5
5. 贝壳楔形，后部不弯曲 …………………………………………… 斧蛤科 Donacidae J. Fleming, 1828
– 贝壳卵圆形，壳后部多少弯曲 …………………………………… 樱蛤科 Tellinidae Blainville, 1814
6. 贝壳呈圆柱形，壳质薄脆 ……………………………………… 截蛏科 Solecurtidae d'Orbigny, 1846

海螂目 Myida 分科检索表

1. 两壳不等，前后端不具开口或开口极小 …………………………… 篮蛤科 Corbulidae Lamarck, 1818
– 两壳相等，前后端开口大 ……………………………………………………………………… 2
2. 壳呈长卵形，壳后端开口 ………………………………………………… 海螂科 Myidae Lamarck, 1809
– 壳不呈长卵形 ……………………………………………………………………………………… 3
3. 壳呈卵圆形，能包被身体，但多少有开口，具 1 枚或数枚石灰质副壳 ……………………………
…………………………………………………………………………… 海笋科 Pholadidae Lamarck, 1809
– 壳呈球形，极小而薄，仅能包住动物前端，动物体细长，呈蠕虫状，水管末端具铠 ………………
………………………………………………………………………… 船蛆科 Teredinidae Rafinesque, 1815

贫齿目 Adapedonta 分科检索表

壳呈圆柱状，两端开口 …………………………………………………… 竹蛏科 Solenidae Lamarck, 1809
– 壳细长，两端圆，腹缘稍内陷 ……………………… 灯塔蛤科 Pharidae H. Adams & A. Adams, 1856
– 壳呈四边形或梯形，外套窦发达 ……………………………………… 缝栖蛤科 Hiatellidae Gray, 1824

异韧带总目 Anomalodesmata 分科检索表

1. 鳃退化，形成隔鳃型 ……………………………………………………………………………… 2
– 鳃未退化，为真瓣鳃 ……………………………………………………………………………… 3
2. 壳内面无珍珠光泽，后部延伸呈喙状 ……………………………… 杓蛤科 Cuspidariidae Dall, 1886
– 壳内面具珍珠光泽，后部不延伸呈喙状，壳表仅具颗粒状突起 ……… 孔螂科 Poromyidae Dall, 1886
3. 壳顶具裂缝 ………………………………………………………………………………………… 4
– 壳顶不具裂缝 ……………………………………………………………………………………… 5
4. 壳形圆 ……………………………………………………………… 短吻蛤科 Periplomatidae Dall, 1895
– 壳形长 …………………………………………………… 鸭嘴蛤科 Laternulidae Hedley, 1918 (1840)
5. 两壳明显不等 ……………………………………………………………………………………… 6
– 两壳近相等 ………………………………………………………………………………………… 7
6. 壳质薄脆 …………………………………………………… 帮斗蛤科 Pandoridae Rafinesque, 1815
– 壳质厚重 ………………………………………………… 螂猿头蛤科 Myochamidae Carpenter, 1861
7. 着带板狭长，石灰质韧带片细长 ………………………… 里昂司蛤科 Lyonsiidae P. Fischer, 1887
– 着带板多突出于铰合部，石灰质韧带片片状 ………… 色雷西蛤科 Thraciidae Stoliczka, 1870 (1839)

开眼目 Oegopsida 分科检索表

1. 两眼等大 ………………………………………………………………………………………… 2
– 两眼不等大 ………………………………………………… 帆乌贼科 Histioteuthidae Verrill, 1881
2. 触腕发达 ………………………………………………………………………………………… 3

– 触腕退化…………………………………………………………………… 鞘乌贼科 Octopoteuthidae Berry, 1912
3. 吸盘特化成钩………………………………………………………………………………………… 4
– 吸盘不特化成钩……………………………………………………………………………………… 6
4. 腹面与漏斗基部在两边相连 ………………………………………… 小头乌贼科 Cranchiidae Prosch, 1847
– 胴部周围游离………………………………………………………………………………………… 5
5. 体表具发光器………………………………………………………… 武装乌贼科 Enoploteuthidae Pfeffer, 1900
– 体表不具发光器……………………………………………………… 爪乌贼科 Onychoteuthidae Gray, 1847
6. 肉鳍位于胴后………………………………………………………………………………………… 7
– 肉鳍包被胴部全缘…………………………………………………………………………………… 10
7. 触腕具发光器………………………………………………………… 手乌贼科 Chiroteuthidae Gray, 1849
– 触腕不具发光器……………………………………………………………………………………… 8
8. 触腕穗不膨大………………………………………………………… 鞭乌贼科 Mastigoteuthidae Verrill, 1881
– 触腕穗膨大…………………………………………………………………………………………… 9
9. 触腕穗基部吸盘 4 行…………………………………………… 柔鱼科 Ommastrephidae Steenstrup, 1857
– 触腕穗基部吸盘 10 余行 ……………………………………… 臂乌贼科 Brachioteuthidae Pfeffer, 1908
10. 肉鳍呈栉状 ……………………………………………………… 栉鳍乌贼科 Chtenopterygidae Grimpe, 1922
– 肉鳍呈菱状 …………………………………………………… 菱鳍乌贼科 Thysanoteuthidae Keferstein, 1866

乌贼目 Sepioidea 分科检索表

1. 内壳发达……………………………………………………………………… 乌贼科 Sepiidae Leach, 1817
– 内壳退化……………………………………………………………………………………………… 2
2. 中鳍型………………………………………………………………………… 耳乌贼科 Sepiolidae Leach, 1817
– 端鳍型……………………………………………………………………… 微鳍乌贼科 Idiosepiidae Appellöf, 1898

八腕目 Octopoda 分科检索表

1. 吸盘间有须毛………………………………………………………………………………………… 2
– 吸盘间无须毛………………………………………………………………………………………… 3
2. 体隆突，呈袋状…………………………………………………… 十字蛸科 Stauroteuthidae Grimpe, 1916
– 体扁平，呈盘状…………………………………………………… 面蛸科 Opisthoteuthidae Verrill, 1896
3. 体表具水孔…………………………………………………………………………………………… 4
– 体表不具水孔………………………………………………………………………………………… 5
4. 水孔位于背面和腹面……………………………………………… 水孔蛸科 Tremoctopodidae Tryon, 1879
– 水孔仅位于腹面……………………………………………………………… 快蛸科 Ocythoidae Gray, 1849
5. 腕吸盘 2 行至 1 行排列……………………………………………… 异夫蛸科 Alloposidae Verrill, 1881
– 腕吸盘 2 行或 1 行排列……………………………………………………………………………… 6
6. 漏斗器呈 W 或 Λ 形 …………………………………………………………………………………… 7
– 漏斗器呈 N 或 W 形…………………………………………………… 蛸科 Octopodidae d'Orbigny, 1840
7. 雌性第一对腕顶部呈翼状，雄性茎化腕具长鞭 …………………… 船蛸科 Argonautidae Cantraine, 1841
– 雌性第一对腕顶部不呈翼状，雄性茎化腕不具长鞭 ……………… 水母蛸科 Amphitretidae Hoyle, 1886

参考文献

蔡如星，黄惟灏．1991. 浙江动物志：软体动物．杭州：浙江科学技术出版社：401.

陈道海，孙世春．2010. 9 种石鳖壳板的形态研究．中国海洋大学学报（自然科学版），40(6): 53-60.

胡飞飞，陈新军，刘必林，等．2017. 多板纲软体动物系统分类学研究进展．海洋渔业，39(1): 110-120.

林光宇，张玺．1965. 中国侧鳃科软体动物的研究．海洋与湖沼，(3): 265-272.

刘必林，陈新军．2010. 头足类贝壳研究进展．海洋渔业，32(3): 332-339.

马培振，郑小东，于瑞海，等．2016. 枪鱿科和蛸科头足类齿舌的比较研究．中国海洋大学学报（自然科学版），46(5): 32-37.

潘华璋．1998. 西沙群岛软体动物．古生物学报，37(1): 121-132.

张均龙，史振平，王承，等．2015. 基于壳板和齿舌形态对中国沿岸几种常见多板纲软体动物的分类研究．海洋科学，39(11): 96-107.

张均龙，徐凤山，张素萍．2013. 多板纲软体动物系统分类学研究进展．海洋科学，37(4): 111-117.

张素萍，张树乾．2017. 软体动物腹足纲分类学研究进展——从近海到深海．海洋科学集刊，(52): 1-10.

王祯瑞．1997. 中国动物志：无脊椎动物 第十二卷 双壳纲 贻贝目．北京：科学出版社：1-268.

徐凤山．1999. 中国动物志：无脊椎动物 第二十卷 双壳纲 原鳃亚纲 异韧带亚纲．北京：科学出版社：1-244.

徐凤山．2012. 中国动物志：无脊椎动物 第四十八卷 双壳纲 满月蛤总科 心蛤总科 厚壳蛤总科 鸟蛤总科．北京：科学出版社：1-239.

庄启谦．2001. 中国动物志：无脊椎动物 第二十四卷 双壳纲 帘蛤科．北京：科学出版社：1-278.

Bernard F R, Cai Y Y, Morton B. 1993. Catalogue of the living marine bivalve molluscs of China. Hongkong: Hongkong University Press: 146.

Bouchet P, Rocroi J P. 2005. Classification and nomenclator of gastropod families. Malacologia, 47 (1-2): 1-397.

Harasewych M G. 1989. Shells, jewels from the sea. Ferntree Gully: Houghton Mifflin Australia: 224.

Lemer S, Bieler R, Giribet G. 2019. Resolving the relationships of clams and cockles: dense transcriptome sampling drastically improves the bivalve tree of life. Proceedings of the Royal Society B: Biological Sciences, 286(1896): 20182684.

Oskars T R, Bouchet P, Malaquias M A. 2015. A new phylogeny of the Cephalaspidea (Gastropoda: Heterobranchia) based on expanded taxon sampling and gene markers. Molecular Phylogenetics and Evolution, 89: 130-150.

Ponder W F, Lindberg D R. 2008. Phylogeny and Evolution of the Mollusca. Berkeley: University of California Press: 488.

Ponder W F, Lindberg D R. 2020. Biology and Evolution of the Mollusca, Vol. 2. Boca Raton: CRC Press: 870.

Reid D G, Dyal P, Williams S T. 2010. Global diversification of mangrove fauna: a molecular phylogeny of Littoraria (Gastropoda: Littorinidae). Molecular Phylogenetics and Evolution, 55:185-201.

Sato K, Kano Y, Setiamarga D H E, et al. 2020. Molecular phylogeny of protobranch bivalves and systematic implications of their shell microstructure. Zoologica Scripta, 49: 458-472.

Zapata F, Wilson N G, Howison M, et al. 2014. Phylogenomic analyses of deep gastropod relationships reject Orthogastropoda. Proceedings of the Royal Society B: Biological Sciences, 281(1794): 1739.

第十三章　节肢动物门 Arthropoda

第一节　节肢动物门概述

节肢动物门 Arthropoda 是动物界中最大的一个门，约有 120 万现存种（WoRMS 网站收录 57 000 余种，表 1-2）。一般而言，节肢动物门的物种具有发达且坚厚的几丁质外骨骼。陆生的节肢动物一般用气管系统呼吸，水生的节肢动物一般用鳃呼吸。节肢动物的躯体为异律分节，身体各个部分分化明显。例如，陆生的昆虫，身体分为头、胸、腹三部分，水生的虾蟹则分为头、胸部和腹部等；通过体节的分化和组合，增强了节肢动物的运动能力和对环境的适应能力。此外，节肢动物的每一体节都有相应的成对附肢，尤其是胸部和腹部的附肢非常发达，而且附肢与身体之间通过关节连接，具有发达的肌肉系统，极大地增强了节肢动物的摄食和运动能力。

关于节肢动物门的高级阶元分类系统，目前还存在很多争议。但普遍接受的分类格局将现存的节肢动物分为 4 个亚门，即螯肢亚门 Chelicerata、甲壳动物亚门 Crustacea、六足亚门 Hexapoda 和多足亚门 Myriapoda；其中螯肢亚门和甲壳动物亚门在海洋中有分布。

第二节　中国近海底栖节肢动物门分类系统

综合国内和国际的最新研究成果，中国近海底栖节肢动物门动物包括 2 亚门 4 纲 271 科，其分类体系如下：

节肢动物门 Arthropoda
  螯肢亚门 Chelicerata
    肢口纲 Merostomata
      剑尾目 Xiphosurida
        鲎科 Limulidae Leach, 1819
    海蜘蛛纲 Pycnogonida
      海蜘蛛目 Pantopoda
        真海蜘蛛亚目 Eupantopodida
          囊吻海蜘蛛总科 Ascorhynchoidea Pocock, 1904
            砂海蜘蛛科 Ammotheidae Dohrn, 1881
            囊吻海蜘蛛科 Ascorhynchidae Hoek, 1881
          巨吻海蜘蛛总科 Colossendeidoidea Hoek, 1881
            巨吻海蜘蛛科 Colossendeidae Jarzynsky, 1870
          丝海蜘蛛总科 Nymphonoidea Pocock, 1904

丽海蜘蛛科 Callipallenidae Hilton, 1942
丝海蜘蛛科 Nymphonidae Wilson, 1878
尖脚海蜘蛛总科 Phoxichilidoidea Sars, 1891
长脚海蜘蛛科 Endeidae Norman, 1908
尖脚海蜘蛛科 Phoxichilidiidae Sars, 1891
海蜘蛛总科 Pycnogonoidea Pocock, 1904
海蜘蛛科 Pycnogonidae Wilson, 1878
甲壳动物亚门 Crustacea
多甲总纲 Multicrustacea
六蜕纲 Hexanauplia
桡足亚纲 Copepoda
新桡足下纲 Neocopepoda
足甲总目 Podoplea
灰白猛水蚤目 Canuelloida
灰白猛水蚤科 Canuellidae Lang, 1944
长足猛水蚤科 Longipediidae Boeck, 1865
猛水蚤目 Harpacticoida
美猛水蚤科 Ameiridae Boeck, 1865
明猛水蚤科 Argestidae Por, 1986
刺平猛水蚤科 Canthocamptidae Brady, 1880
短角猛水蚤科 Cletodidae T. Scott, 1905
长猛水蚤科 Ectinosomatidae Sars, 1903
猛水蚤科 Harpacticidae Dana, 1846
小猛水蚤科 Idyanthidae Lang, 1948
老丰猛水蚤科 Laophontidae Scott T., 1904
粗毛猛水蚤科 Miraciidae Dana, 1846
伪大吉猛水蚤科 Pseudotachidiidae Lang, 1936
根猛水蚤科 Rhizotrichidae Por, 1986
大吉猛水蚤科 Tachidiidae Boeck, 1865
矩头猛水蚤科 Tetragonicipitidae Lang, 1944
日角猛水蚤科 Tisbidae Stebbing, 1910
强猛水蚤科 Zosimeidae Seifried, 2003
鞘甲纲 Thecostraca
蔓足亚纲 Cirripedia
围胸下纲 Thoracica
磷围胸总目 Phosphatothoracica
鸟嘴目 Iblomorpha
鸟嘴科 Iblidae Leach, 1825
钙围胸总目 Thoracicacalcarea

铠茗荷目 Scalpellomorpha

异茗荷科 Heteralepadidae Nilsson-Cantell, 1921

茗荷科 Lepadidae Darwin, 1852

花茗荷科 Poecilasmatidae Annandale, 1909

铠茗荷科 Scalpellidae Pilsbry, 1907

盔茗荷目 Calanticomorpha

盔茗荷科 Calanticidae Zevina, 1978

指茗荷目 Pollicipedomorpha

石茗荷科 Lithotryidae Lithotryidae Gruvel, 1905

指茗荷科 Pollicipedidae Leach, 1817

花笼目 Verrucomorpha

花笼科 Verrucidae Darwin, 1854

藤壶目 Balanomorpha

藤壶总科 Balanoidea Leach, 1817

藤壶科 Balanidae Leach, 1806

塔藤壶科 Pyrgomatidae Gray, 1825

小藤壶总科 Chthamaloidea Darwin, 1854

小藤壶科 Chthamalidae Darwin, 1854

厚板藤壶科 Pachylasmatidae Utinomi, 1968

鲸藤壶总科 Coronuloidea Leach, 1817

深板藤壶科 Bathylasmatidae Newman & Ross, 1971

龟藤壶科 Chelonibiidae Pilsbry, 1916

鲸藤壶科 Coronulidae Leach, 1817

笠藤壶科 Tetraclitidae Gruvel, 1903

软甲纲 Malacostraca

叶虾亚纲 Phyllocarida

狭甲目 Leptostraca

叶虾亚目 Nebaliacea

叶虾科 Nebaliidae Samouelle, 1819

掠虾亚纲 Hoplocarida

口足目 Stomatopoda

单盾亚目 Unipeltata

深虾蛄总科 Bathysquilloidea Manning, 1967

深虾蛄科 Bathysquillidae Manning, 1967

宽虾蛄总科 Eurysquilloidea Manning, 1977

宽虾蛄科 Eurysquillidae Manning, 1977

指虾蛄总科 Gonodactyloidea Giesbrecht, 1910

指虾蛄科 Gonodactylidae Giesbrecht, 1910

齿指虾蛄科 Odontodactylidae Manning, 1980

原虾蛄科 Protosquillidae Manning, 1980
假虾蛄科 Pseudosquillidae Manning, 1977
卓虾姑科 Takuidae Manning, 1995
琴虾蛄总科 Lysiosquilloidea Giesbrecht, 1910
琴虾蛄科 Lysiosquillidae Giesbrecht, 1910
矮虾蛄科 Nannosquillidae Manning, 1980
四齿虾蛄科 Tetrasquillidae Manning & Camp, 1993
仿虾蛄总科 Parasquilloidea Manning, 1995
仿虾蛄科 Parasquillidae Manning, 1995
虾蛄总科 Squilloidea Latreille, 1802
虾蛄科 Squillidae Latreille, 1802
真软甲亚纲 Eumalacostraca
囊虾总目 Peracarida
疣背糠虾目 Lophogastrida
柄糠虾科 Eucopiidae G.O. Sars, 1885
疣背糠虾科 Lophogastridae G.O. Sars, 1870
糠虾目 Mysida
糠虾科 Mysidae Haworth, 1825
瓣眼糠虾科 Petalophthalmidae Czerniavsky, 1882
端足目 Amphipoda
科洛亚目 Colomastigidea
科洛下目 Colomastigida
科洛小目 Colomastigidira
科洛钩虾总科 Colomastigoidea Chevreux, 1899
科洛钩虾科 Colomastigidae Chevreux, 1899
棘尾亚目 Senticaudata
跳钩虾下目 Talitrida
跳钩虾小目 Talitridira
跳钩虾总科 Talitroidea Rafinesque, 1815
跳钩虾科 Talitridae Rafinesque, 1815
玻璃钩虾总科 Hyaloidea Bulyčeva, 1957
奇尔顿钩虾科 Chiltoniidae J.L. Barnard, 1972
多棘钩虾科 Dogielinotidae Gurjanova, 1953
玻璃钩虾科 Hyalidae Bulyčeva, 1957
蜾蠃蜚下目 Corophiida
蜾蠃蜚小目 Corophiidira
刀钩虾总科 Aoroidea Stebbing, 1899
刀钩虾科 Aoridae Stebbing, 1899
蜾蠃蜚总科 Corophioidea Leach, 1814

藻钩虾科 Ampithoidae Boeck, 1871

蜾蠃蜚科 Corophiidae Leach, 1814

麦秆虫小目 Caprellidira

麦秆虫总科 Caprelloidea Leach, 1814

麦秆虫科 Caprellidae Leach, 1814

杜林钩虾科 Dulichiidae Dana, 1849

地钩虾科 Podoceridae Leach, 1814

新异板钩虾总科 Neomegamphoidea Myers, 1981

盾钩虾科 Priscomilitaridae Hirayama, 1988

亮钩虾总科 Photoidea Boeck, 1871

壮角钩虾科 Ischyroceridae Stebbing, 1899

卡马钩虾科 Kamakidae Myers & Lowry, 2003

亮钩虾科 Photidae Boeck, 1871

哈德钩虾下目 Hadziida

哈德钩虾小目 Hadziidira

卡利钩虾总科 Calliopioidea G.O. Sars, 1895

强螯钩虾科 Cheirocratidae d'Udekem d'Acoz, 2010

拟角钩虾科 Hornelliidae d'Udekem d'Acoz, 2010

大尾钩虾科 Megaluropidae Thomas & Barnard, 1986

海钩虾科 Pontogeneiidae Stebbing, 1906

哈德钩虾总科 Hadzioidea S. Karaman, 1943 (Bousfield, 1983)

毛钩虾科 Eriopisidae Lowry & Myers, 2013

细身钩虾科 Maeridae Krapp-Schickel, 2008

马耳他钩虾科 Melitidae Bousfield, 1973

钩虾下目 Gammarida

钩虾小目 Gammaridira

钩虾总科 Gammaroidea Latreille, 1802 (Bousfield, 1977)

异钩虾科 Anisogammaridae Bousfield, 1977

矛钩虾亚目 Amphilochidea

矛钩虾下目 Amphilochida

颚足钩虾小目 Maxillipiidira

颚足钩虾总科 Maxillipioidea Ledoyer, 1973

颚足钩虾科 Maxillipiidae Ledoyer, 1973

合眼钩虾小目 Oedicerotidira

合眼钩虾总科 Oedicerotoidea Lilljeborg, 1865

合眼钩虾科 Oedicerotidae Lilljeborg, 1865

仿美钩虾科 Paracalliopiidae Barnard & Karaman, 1982

美钩虾小目 Eusiridira

美钩虾总科 Eusiroidea Stebbing, 1888

美钩虾科 Eusiridae Stebbing, 1888
利尔钩虾总科 Liljeborgioidea Stebbing, 1899
利尔钩虾科 Liljeborgiidae Stebbing, 1899
矛钩虾小目 Amphilochidira
矛钩虾总科 Amphilochoidea Boeck, 1871
矛钩虾科 Amphilochidae Boeck, 1871
西普钩虾科 Cyproideidae J.L. Barnard, 1974
肋钩虾科 Pleustidae Buchholz, 1874
板钩虾科 Stenothoidae Boeck, 1871
白钩虾总科 Leucothoidea Dana, 1852
白钩虾科 Leucothoidae Dana, 1852
壮体钩虾总科 Iphimedioidea Boeck, 1871
壮体钩虾科 Iphimediidae Boeck, 1871
光洁钩虾下目 Lysianassida
辛诺钩虾小目 Synopiidira
长足钩虾总科 Dexaminoidea Leach, 1814
鼻钩虾科 Atylidae Lilljeborg, 1865
长足钩虾科 Dexaminidae Leach, 1814
颚肢钩虾科 Melphidippidae Stebbing, 1899
豹钩虾科 Pardaliscidae Boeck, 1871
辛诺钩虾总科 Synopioidea Dana, 1853
双眼钩虾科 Ampeliscidae Krøyer, 1842
辛诺钩虾科 Synopiidae Dana, 1853
平额钩虾小目 Haustoriidira
平额钩虾总科 Haustorioidea Stebbing, 1906
平额钩虾科 Haustoriidae Stebbing, 1906
尖头钩虾科 Phoxocephalidae G.O. Sars, 1891
锥头钩虾科 Platyischnopidae Barnard & Drummond, 1979
华尾钩虾科 Sinurothoidae Ren, 1999
尾钩虾科 Urothoidae Bousfield, 1978
光洁钩虾小目 Lysianassidira
爱丽钩虾总科 Alicelloidea Lowry & De Broyer, 2008
拟强钩虾科 Valettiopsidae Lowry & De Broyer, 2008
隐首钩虾总科 Stegocephaloidea Dana, 1855
隐首钩虾科 Stegocephalidae Dana, 1855
光洁钩虾总科 Lysianassoidea Dana, 1849
亚莫钩虾科 Amaryllididae Lowry & Stoddart, 2002
光洁钩虾科 Lysianassidae Dana, 1849
乌里斯钩虾科 Uristidae Hurley, 1963

阿里钩虾总科 Aristioidea Lowry & Stoddart, 1997
奋钩虾科 Endevouridae Lowry & Stoddart, 1997
厚壳钩虾科 Pakynidae Lowry & Myers, 2017
等足目 Isopoda
缩头水虱亚目 Cymothoida
背尾水虱总科 Anthuroidea Leach, 1914
背尾水虱科 Anthuridae Leach, 1814
拟背尾水虱科 Paranthuridae Menzies & Glynn, 1968
缩头水虱总科 Cymothooidea Leach, 1814
纺锤水虱科 Aegidae White, 1850
浪漂水虱科 Cirolanidae Dana, 1852
珊瑚水虱科 Corallanidae Hansen, 1890
缩头水虱科 Cymothoidae Leach, 1818
巨颚水虱科 Gnathiidae Leach, 1814
鳃虱总科 Bopyroidea Rafinesque, 1815
鳃虱科 Bopyridae Rafinesque, 1815
团水虱亚目 Sphaeromatidea
团水虱总科 Sphaeromatoidea Latreille, 1825
团水虱科 Sphaeromatidae Latreille, 1825
盖肢亚目 Valvifera
盖鳃水虱科 Idoteidae Samouelle, 1819
全颚水虱科 Holognathidae Thomson, 1904
潮虫亚目 Oniscidea
海蟑螂科 Ligiidae Leach, 1814
蛀木水虱亚目 Limnoriidea
蛀木水虱总科 Limnorioidea White, 1850
蛀木水虱科 Limnoriidae White, 1850
栉水虱亚目 Asellota
畸水虱总科 Janiroidea G.O. Sars, 1897
畸水虱科 Janiridae G.O. Sars, 1897
原足目 Tanaidacea
长尾虫亚目 Apseudomorpha
长尾虫总科 Apseudoidea Leach, 1814
长尾虫科 Apseudidae Leach, 1814
原足虫亚目 Tanaidomorpha
仿原足虫总科 Paratanaoidea Lang, 1949
仿原足虫科 Paratanaidae Lang, 1949
原足虫总科 Tanaidoidea Nobili, 1906
原足虫科 Tanaididae Nobili, 1906

涟虫目 Cumacea

涟虫科 Bodotriidae T. Scott, 1901

角涟虫科 Ceratocumatidae Calman, 1905

针尾涟虫科 Diastylidae Bate, 1856

美丽涟虫科 Lampropidae Sars, 1878

尖额涟虫科 Leuconidae Sars, 1878

小涟虫科 Nannastacidae Bate, 1866

伪涟虫科 Pseudocumatidae Sars, 1878

真虾总目 Eucarida

磷虾目 Euphausiacea

深水磷虾科 Bentheuphausiidae Colosi, 1917

磷虾科 Euphausiidae Dana, 1852

十足目 Decapoda

枝鳃亚目 Dendrobranchiata

对虾总科 Penaeoidea Rafinesque, 1815

须虾科 Aristeidae Wood-Mason in Wood-Mason & Alcock, 1891

深对虾科 Benthesicymidae Wood-Mason in Wood-Mason & Alcock, 1891

对虾科 Penaeidae Rafinesque, 1815

单肢虾科 Sicyoniidae Ortmann, 1898

管鞭虾科 Solenoceridae Wood-Mason in Wood-Mason & Alcock, 1891

樱虾总科 Sergestoidea Dana, 1852

莹虾科 Luciferidae De Haan, 1849

樱虾科 Sergestidae Dana, 1852

腹胚亚目 Pleocyemata

真虾下目 Caridea

鼓虾总科 Alpheoidea Rafinesque, 1815

鼓虾科 Alpheidae Rafinesque, 1815

藻虾科 Hippolytidae Spence Bate, 1888

鞭腕虾科 Lysmatidae Dana, 1852

托虾科 Thoridae Kingsley, 1879

长眼虾科 Ogyrididae Holthuis, 1955

匙指虾总科 Atyoidea De Haan, 1849

匙指虾科 Atyidae De Haan, 1849

伯来虾总科 Bresilioidea Calman, 1896

埃尔文虾科 Alvinocarididae Christoffersen, 1986

弯背虾总科 Campylonotoidea Sollaud, 1913

弯背虾科 Campylonotidae Sollaud, 1913

褐虾总科 Crangonoidea Haworth, 1825
　褐虾科 Crangonidae Haworth, 1825
　镰虾科 Glyphocrangonidae Smith, 1884
线足虾总科 Nematocarcinoidea Smith, 1884
　驼背虾科 Eugonatonotidae Chace, 1937
　线足虾科 Nematocarcinidae Smith, 1884
　活额虾科 Rhynchocinetidae Ortmann, 1890
刺虾总科 Oplophoroidea Dana, 1852
　棘虾科 Acanthephyridae Spence Bate, 1888
　刺虾科 Oplophoridae Dana, 1852
长臂虾总科 Palaemonoidea Rafinesque, 1815
　长臂虾科 Palaemonidae Rafinesque, 1815
　盲虾科 Typhlocarididae Annandale & Kemp, 1913
长额虾总科 Pandaloidea Haworth, 1825
　绿点虾科 Chlorotocellidae Komai, Chan & De Grave, 2019
　长额虾科 Pandalidae Haworth, 1825
玻璃虾总科 Pasiphaeoidea Dana, 1852
　玻璃虾科 Pasiphaeidae Dana, 1852
异指虾总科 Processoidea Ortmann, 1896
　异指虾科 Processidae Ortmann, 1896
剪足虾总科 Psalidopodoidea Wood-Mason & Alcock, 1892
　剪足虾科 Psalidopodidae Wood-Mason & Alcock, 1892
棒指虾总科 Stylodactyloidea Spence Bate, 1888
　棒指虾科 Stylodactylidae Spence Bate, 1888

猬虾下目 Stenopodidea
　俪虾科 Spongicolidae Schram, 1986
　猬虾科 Stenopodidae Claus, 1872

螯虾下目 Astacidea
礁螯虾总科 Enoplometopoidea de Saint Laurent, 1988
　礁螯虾科 Enoplometopidae de Saint Laurent, 1988
海螯虾总科 Nephropoidea Dana, 1852
　海螯虾科 Nephropidae Dana, 1852

蝼蛄虾下目 Gebiidea
　锥头泥虾科 Axianassidae Schmitt, 1924
　泥虾科 Laomediidae Borradaile, 1903
　海蛄虾科 Thalassinidae Latreille, 1831
　蝼蛄虾科 Upogebiidae Borradaile, 1903

阿蛄虾下目 Axiidea
　阿蛄虾科 Axiidae Huxley, 1879

美人虾科 Callianassidae Dana, 1852
玉虾科 Callianideidae Kossman, 1880
米蛄虾科 Micheleidae K. Sakai, 1992
斯蛄虾科 Strahlaxiidae Poore, 1994
多螯下目 Polychelida
多螯虾科 Polychelidae Wood-Mason, 1875
无螯下目 Achelata
龙虾科 Palinuridae Latreille, 1802
蝉虾科 Scyllaridae Latreille, 1825
异尾下目 Anomura
柱螯虾总科 Chirostyloidea Ortmann, 1892
柱螯虾科 Chirostylidae Ortmann, 1892
真刺虾科 Eumunididae A. Milne Edwards & Bouvier, 1900
基瓦虾科 Kiwaidae Macpherson, Jones & Segonzac, 2005
铠甲虾总科 Galatheoidea Samouelle, 1819
铠甲虾科 Galatheidae Samouelle, 1819
刺铠虾科 Munididae Ahyong, Baba, Macpherson & Poore, 2010
拟刺凯虾科 Munidopsidae Ortmann, 1898
瓷蟹科 Porcellanidae Haworth, 1825
蝉蟹总科 Hippoidea Latreille, 1825
管须蟹科 Albuneidae Stimpson, 1858
眉足蟹科 Blepharipodidae Boyko, 2002
蝉蟹科 Hippidae Latreille, 1825
石蟹总科 Lithodoidea Samouelle, 1819
软腹蟹科 Hapalogastridae J.F. Brandt, 1850
石蟹科 Lithodidae Samouelle, 1819
寄居蟹总科 Paguroidea Latreille, 1802
陆寄居蟹科 Coenobitidae Dana, 1851
活额寄居蟹科 Diogenidae Ortmann, 1892
寄居蟹科 Paguridae Latreille, 1802
拟寄居蟹科 Parapaguridae Smith, 1882
门螯寄居蟹科 Pylochelidae Spence Bate, 1888
短尾下目 Brachyura
肢孔派 Podotremata
圆关公蟹总科 Cyclodorippoidea Ortmann, 1892
丝足蟹科 Cymonomidae Bouvier, 1898
圆关公蟹科 Cyclodorippidae Ortmann, 1892
绵蟹总科 Dromioidea De Haan, 1833
绵蟹科 Dromiidae De Haan, 1833

贝绵蟹科 Dynomenidae Ortmann, 1892
人面绵蟹总科 Homolodromioidea Alcock, 1899
人面绵蟹科 Homolodromiidae Alcock, 1899
人面蟹总科 Homoloidea De Haan, 1839
人面蟹科 Homolidae De Haan, 1839
蛛形蟹科 Latreilliidae Stimpson, 1858
蛙蟹总科 Raninoidea De Haan, 1839
蛙蟹科 Raninidae De Haan, 1839
真短尾派 Eubrachyura
异孔亚派 Heterotremata
奇净蟹总科 Aethroidea Dana, 1851
奇净蟹科 Aethridae Dana, 1851
馒头蟹总科 Calappoidea De Haan, 1833
馒头蟹科 Calappidae De Haan, 1833
黎明蟹科 Matutidae De Haan, 1835
黄道蟹总科 Cancroidea Latreille, 1802
黄道蟹科 Cancridae Latreille, 1802
瓢蟹总科 Carpilioidea Ortmann, 1893
瓢蟹科 Carpiliidae Ortmann, 1893
盔蟹总科 Corystoidea Samouelle, 1819
盔蟹科 Corystidae Samouelle, 1819
疣扇蟹总科 Dairoidea Serène, 1965
泪刺毛蟹科 Dacryopilumnidae Serène, 1984
疣扇蟹科 Dairidae P. K. L. Ng & Rodríguez, 1986
关公蟹总科 Dorippoidea MacLeay, 1838
关公蟹科 Dorippidae MacLeay, 1838
四额齿蟹科 Ethusidae Guinot, 1977
酋妇蟹总科 Eriphioidea MacLeay, 1838
疣菱蟹科 Dairoididae Števčić, 2005
酋蟹科 Eriphiidae MacLeay, 1838
深海蟹科 Hypothalassiidae Karasawa & Schweitzer, 2006
哲扇蟹科 Menippidae Ortmann, 1893
团扇蟹科 Oziidae Dana, 1851
陆溪蟹总科 Gecarcinucoidea Rathbun, 1904
束腹蟹科 Parathelphusidae Alcock, 1910
长脚蟹总科 Goneplacoidea MacLeay, 1838
宽甲蟹科 Chasmocarcinidae Serène, 1964
宽背蟹科 Euryplacidae Stimpson, 1871
长脚蟹科 Goneplacidae MacLeay, 1838

杯蟹科 Mathildellidae Karasawa & Kato, 2003
掘沙蟹科 Scalopidiidae Števčić, 2005
六足蟹总科 Hexapodoidea Miers, 1886
六足蟹科 Hexapodidae Miers, 1886
玉蟹总科 Leucosioidea Samouelle, 1819
精干蟹科 Iphiculidae Alcock, 1896
玉蟹科 Leucosiidae Samouelle, 1819
蜘蛛蟹总科 Majoidea Samouelle, 1819
卧蜘蛛蟹科 Epialtidae MacLeay, 1838
尖头蟹科 Inachidae MacLeay, 1838
拟尖头蟹科 Inachoididae Dana, 1851
蜘蛛蟹科 Majidae Samouelle, 1819
突眼蟹科 Oregoniidae Garth, 1958
膜壳蟹总科 Hymenosomatoidea MacLeay, 1838
膜壳蟹科 Hymenosomatidae MacLeay, 1838
虎头蟹总科 Orithyioidea Dana, 1852
虎头蟹科 Orithyiidae Dana, 1852
扁蟹总科 Palicoidea Bouvier, 1898
刺缘蟹科 Crossotonotidae Moosa & Serène, 1981
扁蟹科 Palicidae Bouvier, 1898
菱蟹总科 Parthenopoidea MacLeay, 1838
菱蟹科 Parthenopidae MacLeay, 1838
毛刺蟹总科 Pilumnoidea Samouelle, 1819
静蟹科 Galenidae Alcock, 1898
毛刺蟹科 Pilumnidae Samouelle, 1819
长螯蟹科 Tanaochelidae P. K. L. Ng & Clark, 2000
梭子蟹总科 Portunoidea Rafinesque, 1815
怪蟹科 Geryonidae Colosi, 1923
圆趾蟹科 Ovalipidae Spiridonov, Neretina & Schepetov, 2014
梭子蟹科 Portunidae Rafinesque, 1815
溪蟹总科 Potamoidea Ortmann, 1896
溪蟹科 Potamidae Ortmann, 1896
假团扇蟹总科 Pseudozioidea Alcock, 1898
假团扇蟹科 Pseudoziidae Alcock, 1898
反羽蟹总科 Retroplumoidea Gill, 1894
反羽蟹科 Retroplumidae Gill, 1894
梯形蟹总科 Trapezioidea Miers, 1886
圆顶蟹科 Domeciidae Ortmann, 1893
拟梯形蟹科 Tetraliidae Castro, Ng & Ahyong, 2004

梯形蟹科 Trapeziidae Miers, 1886
楯毛蟹总科 Trichopeltarioidae Tavares & Cleva, 2010
楯毛蟹科 Trichopeltariidae Tavares & Cleva, 2010
扇蟹总科 Xanthoidea MacLeay, 1838
扇蟹科 Xanthidae MacLeay, 1838
胸孔亚派 Thoracotremata
隐螯蟹总科 Cryptochiroidea Paulson, 1875
隐螯蟹科 Cryptochiridae Paulson, 1875
豆蟹总科 Pinnotheroidea De Haan, 1833
豆蟹科 Pinnotheridae De Haan, 1833
沙蟹总科 Ocypodoidea Rafinesque, 1815
猴面蟹科 Camptandriidae Stimpson, 1858
毛带蟹科 Dotillidae Stimpson, 1858
大眼蟹科 Macrophthalmidae Dana, 1851
和尚蟹科 Mictyridae Dana, 1851
沙蟹科 Ocypodidae Rafinesque, 1815
短眼蟹科 Xenophthalmidae Stimpson, 1858
方蟹总科 Grapsoidea MacLeay, 1838
地蟹科 Gecarcinidae MacLeay, 1838
方蟹科 Grapsidae MacLeay, 1838
斜纹蟹科 Plagusiidae Dana, 1851
相手蟹科 Sesarmidae Dana, 1851
弓蟹科 Varunidae H. Milne Edwards, 1853
怪方蟹科 Xenograpsidae N. K. Ng, Davie, Schubart & P. K. L. Ng, 2007

第三节　中国近海底栖节肢动物门分类检索表

一、螯肢亚门检索表

螯肢亚门 Chelicerata 分科检索表

1. 身体蜘蛛形，由前部、躯干部和腹部（退化）组成，头部附肢（须肢、携卵肢、螯肢）多态，躯干部连接 4 对步足（海蜘蛛纲）………………………………………………………………… 2
– 体背腹扁平，头胸部具宽大盾甲，头胸部具 1 对螯肢和 5 对步足，无触角，具 1 对复眼和 1 对单眼，腹肢片状，适于游泳……………………………………………… 鲎科 Limulidae Leach, 1819
2. 头部须肢有或缺失，携卵足 10 节 ……………………………………………………………… 5
– 头部须肢缺失或退化成小结节，携卵足在雌性缺失，在雄性 4 ～ 9 节 ………………………… 3
3. 头部具螯肢……………………………………… 尖脚海蜘蛛科 Phoxichilidiidae Sars, 1891
– 头部不具螯肢………………………………………………………………………………… 4

4. 体躯细小，步足是身体的 2 倍长，步足具副爪 ………………… 长脚海蜘蛛科 Endeidae Norman, 1908
– 体躯紧凑，步足粗胖，稍长于身体，步足不具副爪 …………… 海蜘蛛科 Pycnogonidae Wilson, 1878
5. 头部须肢 10 节 ……………………………………………… 巨吻海蜘蛛科 Colossendeidae Jarzynsky, 1870
– 头部须肢少于或多于 10 节 ………………………………………………………………………………… 6
6. 躯干 4 体节，头部须肢 4 ～ 9 节，螯肢退化或萎缩 …………………………………………………… 7
– 躯干 4 ～ 6 体节，头部须肢 0 ～ 5 节或 19 ～ 20 节，具螯肢 ………………………………………… 8
7. 携卵足不具成行清洁刺……………………………………………… 砂海蜘蛛科 Ammotheidae Dohrn, 1881
– 携卵足具成行的清洁刺…………………………………………… 囊吻海蜘蛛科 Ascorhynchidae Hoek, 1881
8. 躯干体节分节明显，须肢 4 ～ 5 节或 19 ～ 20 节 …………… 丝海蜘蛛科 Nymphonidae Wilson, 1878
– 躯干体节融合或不融合，须肢缺失或 1 ～ 4 节 ………………… 丽海蜘蛛科 Callipallenidae Hilton, 1942

二、甲壳动物亚门检索表

甲壳动物亚门 Crustacea 分纲检索表

1. 身躯分区不明显，不具头胸甲（六蜕纲 Hexanauplia）……………………………………………………… 2
– 身躯一般明显分为头胸部和腹部，具头胸甲（软甲纲 Malacostraca）………………………………… 3
2. 身体分节不明显，皮肤皱褶成外套，外套表面一般有石灰质壳鞘 …………………鞘甲纲 Thecostraca
– 身体分节明显，不具外鞘 ………………………………………………………………… 桡足亚纲 Copepoda
3. 头部一般不与胸节愈合，头胸甲大，呈囊状 ……………………………… 叶虾亚纲 Phyllocarida
– 头部一般与胸节或部分胸节愈合，头胸甲正常或无 ……………………………………………………… 4
4. 身躯背腹扁平，头胸甲短，不覆盖后 4 胸节，第二胸肢为掠足 ……………… 掠虾亚纲 Hoplocarida
– 第二胸肢不具掠足…………………………………………………………… 真软甲亚纲 Eumalacostraca

鞘甲纲 Thecostraca 分目检索表

1. 头板成分含磷酸盐，一般为 4 片 ………………………………………………………………………
………………………… 磷围胸总目 Phosphatothoracica (鸟嘴目 Iblomorpha 鸟嘴科 Iblidae Leach, 1825)
– 头板含钙质成分，片数多变 ……………………………………………… 钙围胸总目 Thoracicacalcarea 2
2. 身躯无柄部……………………………………………………………………………………………………… 3
– 身躯分为头部和柄部（Neoverrucidae 幼体阶段具柄，成体仅为头板下方的一圈小板）……………… 4
3. 身躯明显不对称，具固定楯板和固定背板…… 花笼目 Verrucomorpha (花笼科 Verrucidae Darwin, 1854)
– 身躯对称，不具固定楯板和固定背板 …………………………………………………藤壶目 Balanomorpha
4. 头板 9 ～ 18 片，常具亚峰板，雄性头部和柄部区分明显 ………………………………………………
…………………………………………… 盔茗荷目 Calanticomorpha (盔茗荷科 Calanticidae Zevina, 1978)
– 头板多于 5 片，常不具亚峰板，雌雄同体或雄性头部和柄部区分不明显 ……………………………… 5
5. 头板基部具一排或多排小的侧板，如不具成排侧板则个体钻孔穴居生活 ………………………………
………………………………………………………………………………… 指茗荷目 Pollicipedomorpha
– 头板基部不具成排侧板，非穴居生活 ……………………………………………… 铠茗荷目 Scalpellomorpha

指茗荷目 Pollicipedomorpha 分科检索表

壳板 8 片，穴居生活………………………………………… 石茗荷科 Lithotryidae Lithotryidae Gruvel, 1905

– 壳板多于 18 片（含头板基本成排的小侧板）………………………… 指茗荷科 Pollicipedidae Leach, 1817

铠茗荷目 Scalpellomorpha 分科检索表

1. 头板存在……………………………………………………………………………………………… 2
– 头板缺乏，或严重退化…………………………………………异茗荷科 Heteralepadidae Nilsson-Cantell, 1921
2. 头板不超过 5 片…………………………………………………………………………………… 3
– 头板多于 5 片……………………………………………………………… 铠茗荷科 Scalpellidae Pilsbry, 1907
3. 壳板较厚，栖居于底层或水底 …………………………………花茗荷科 Poecilasmatidae Annandale, 1909
– 壳板较薄，栖居于漂游物体或动物 ………………………………………… 茗荷科 Lepadidae Darwin, 1852

藤壶目 Balanomorpha 分科检索表

1. 壳壁板具 4 片或 6 片（吻板、峰板和 1 对侧板）；壁板具单层的管或不规则的多层管；管内充满有机质或几丁质…………………………………………………………………………………………………… 7
– 壳壁板具 8 片、6 片或 4 片，管内无有机质 …………………………………………………………………… 2
2. 辐部无或很窄，与壳板不能区分；深海分布 ………………… 厚板藤壶科 Pachylasmatidae Utinomi, 1968
– 辐部可见；栖息环境多样 …………………………………………………………………………………… 3
3. 壳壁板具 8 片、6 片或 4 片；壁板坚固，板内无纵肋 …………… 小藤壶科 Chthamalidae Darwin, 1854
– 壳壁板具 8 片（吻板三片状）或 6 片；壁板通常具管，如果无管则板内具纵肋………………………… 4
4. 鞘延伸至壳的底部；基部膜质；若有盖板则小于壳口；多固着生活在海洋生物上………………………… 5
– 辐部发达；基部通常钙质；壁板通常具管，规则排列；盖板发达，具关节，充满壳口……………… 6
5. 板外薄片内折形成板管，外套膜形成覆盖蔓足的罩 …………………鲸藤壶科 Coronulidae Leach, 1817
– 板外薄片不内折，外套膜不形成覆盖蔓足的罩 ………………………龟藤壶科 Chelonibiidae Pilsbry, 1916
6. 壳壁板 4 片或整个愈合，板管有或无，有管时出现在外薄片和鞘之间或壁板的外部肋或壁之间；薄片形状复杂，基本为枝状；底部无管，基底钙质，极少数有管（在 *Pygopsella* 属为膜质）…………
…………………………………………………………………………… 塔藤壶科 Pyrgomatidae Gray, 1825
– 壳壁板 6 片或 4 片；板有管，在内外薄片间为有规律的单独一排，有时板基部有附加管；内薄片形状复杂，树枝状；幅部坚实或有管；基底钙质，通常具管 ……………………藤壶科 Balanidae Leach, 1806
7. 蔓足无特化刚毛……………………………………………………………笠藤壶科 Tetraclitidae Gruvel, 1903
– 第 2、第 3 蔓足常具特殊刚毛 ……………………… 深板藤壶科 Bathylasmatidae Newman & Ross, 1971

桡足亚纲 Copepoda 分科检索表（雌性）

1. 第 1 胸足底节内侧具刚毛或刺，第 2 触角外肢至少分 6 节 …………………………………………… 2
– 第 1 胸足底节内侧不具刚毛或刺，第 2 触角外肢最多分 4 节或外肢退化缺失 ………………………… 3
2. 第 2 胸足内肢末节长于整个外肢 ……………………………… 长足猛水蚤科 Longipediidae Boeck, 1865
– 第 2 胸足内肢末节短于整个外肢 ………………………………………… 灰白猛水蚤科 Canuellidae Lang, 1944
3. 第 1 胸足内外肢均为执握状，外肢较内肢为长，外肢第 1 ～ 2 节很长，第 3 节嵌入第 2 节的顶端且具 5 个爪状刺…………………………………………………………… 猛水蚤科 Harpacticidae Dana, 1846
– 第 1 胸足与上述特征不同 ………………………………………………………………………………… 4
4. 体呈纺锤形或圆柱形，几乎不背腹扁平；且第 2 小颚基节很长，内肢有时很长，具膝状弯曲的刚毛；颚足狭长或半叶足状，微扁 ………………………………………长猛水蚤科 Ectinosomatidae Sars, 1903
– 不完全具上述特征……………………………………………………………………………………… 5

5. 颚足存在，叶足状，扁平或狭长 …… 6
– 颚足退化，螯状或亚螯状 …… 7
6. 颚足叶足状；大颚内肢很长，向外肢弯曲，侧面观可见，具 1 根很长的刚毛；雌性具 2 个卵囊 …… …… 粗毛猛水蚤科 Miraciidae Dana, 1846 (狭腹猛水蚤亚科 Stenheliinae Brady, 1880)
– 颚足狭长，基节很长，无刚毛；第 1 胸足内肢分 2 节；第 2 ～ 4 胸足外肢第 1 节内侧具刚毛 …… …… 强猛水蚤科 Zosimeidae Seifried, 2003
7. 头部和胸部体表两侧具圆形的感觉器；第 5 胸足内外肢愈合成一体，最多具 9 根刚毛 …… …… 大吉猛水蚤科 Tachidiidae Boeck, 1865
– 头部和胸部体表两侧不具圆形的感觉器；第 5 胸足内外肢不愈合 …… 8
8. 体形似剑水蚤，前体部侧腹扁平，第 4 胸节与第 5 胸节具明显的分界线 …… 9
– 体形和第 1 胸足与上述特征不同 …… 10
9. 第 1 胸足外肢外侧刺的顶端或边缘具长的小刺 …… 小猛水蚤科 Idyanthidae Lang, 1948
– 第 1 胸足外肢外侧刺边缘具毛 …… 日角猛水蚤科 Tisbidae Stebbing, 1910
10. 第 1 触角第 3 节具感觉毛 …… 11
– 第 1 触角第 4 节具感觉毛 …… 12
11. 第 1 胸足内外肢末节顶端具刷状刚毛 …… 根猛水蚤科 Rhizotrichidae Por, 1986
– 第 1 胸足内外肢末节顶端不具刷状刚毛 …… 短角猛水蚤科 Cletodidae T. Scott, 1905
12. 第 1 触角第 1 节或第 2 节具刺状突起；第 2 ～ 4 胸足内肢均分 2 节 …… 13
– 第 1 触角第 1 节或第 2 节不具刺状突起；第 2 ～ 4 胸足内肢分节与上述特征不同 …… 14
13. 大颚须退化，无外肢 …… 老丰猛水蚤科 Laophontidae Scott T., 1904
– 大颚须正常，具外肢 …… 矩头猛水蚤科 Tetragonicipitidae Lang, 1944
14. 额角大且颚足亚螯状 …… 15
– 额角可变且颚足执握状 …… 16
15. 第 1 胸足内肢分 2 节，不呈执握状 …… 伪大吉猛水蚤科 Pseudotachidiidae Lang, 1936
– 第 1 胸足内肢分 3 节，呈执握状 …… …… 粗毛猛水蚤科 Miraciidae Dana, 1846 (双囊猛水蚤亚科 Diosaccinae Sars G.O., 1906)
16. 第 5 对胸足基肢愈合，基肢外侧和外肢均细长 …… 明猛水蚤科 Argestidae Por, 1986
– 第 5 对胸足基肢不愈合，或第 5 对胸足基肢愈合，但基肢外侧和外肢粗短 …… 17
17. 第 4 胸足内肢分 3 节 …… 美猛水蚤科 Ameiridae Boeck, 1865
– 第 4 胸足分 3 节 …… 刺平猛水蚤科 Canthocamptidae Brady, 1880

软甲纲 Malacostraca 分目检索表

1. 头胸甲非囊状，胸肢非叶足，第 7 腹节无或不明显 …… 2
– 头胸甲大，成壳瓣，呈囊状，胸肢为叶足，有明显第 7 腹节，尾节末端具 1 对长尾叉 …… …… 狭甲目 Leptostraca
2. 头胸甲短，不覆盖后 4 个胸节，前 5 对胸肢单肢型，无外肢，第 1 对胸足为修饰足，后续 4 对胸足为捉握足，有半钳，第 2 胸足最发达，腹部十分发达 …… 口足目 Stomatopoda
– 以上特征不符合或不联合（真软甲亚纲 Eumalacostraca）…… 3
3. 结构简单或原始，胸肢特化程度低，除末 1 ～ 2 对外，均为双肢型，无头胸甲，雌性胸肢无抱卵板

…………………………………………………………………………………合虾总目 Syncarida 4

– 身体结构较为进化，以上特征不联合 …………………………………………………………… 5

4. 第一胸节与头部愈合成头胸部，末一腹节不与尾节愈合 ……………………… 山虾目 Anaspidacea

– 第一胸节不与头部愈合成头胸部，末一腹节与尾节愈合 …………………… 地虾目 Bathynellacea

5. 只第一胸节与头部愈合或前数个胸节与头部愈合，大颚有活动齿（囊虾总目 Peracarida）………… 6

– 8 个胸节完全与头部愈合，大颚无活动齿（真虾总目 Eucarida）……………………………… 16

6. 无头胸甲……………………………………………………………………………………… 7

– 有头胸甲……………………………………………………………………………………… 8

7. 体背腹扁平，第一触角只有 1 鞭 ………………………………………………… 等足目 Isopoda

– 体左右侧扁，第一触角有 2 鞭 ………………………………………………… 端足目 Amphipoda

8. 腹部只前两节有不分节单肢型附肢，或腹部 1 ～ 5 节具单肢型不分节或仅分两节的附肢 ………… 9

– 腹部附肢与上不同，双肢型 ………………………………………………………………… 11

9. 腹部只前两节有附肢，单肢型，小而不分节 ……………………… 温泉虾目 Thermosbaenacea

– 腹部 1 ～ 5 节具单肢型不分节或仅分两节的附肢 .………………………………………… 10

10. 第一步足与后续步足相似 …………………………………………………… 混足目 Mictacea

– 第一步足与后续步足明显不同 …………………………………………………… 突口目 Bochusacea

11. 体型独特，头胸部膨大，而腹部细长 …………………………………………… 涟虫目 Cumacea

– 体型一般 ………………………………………………………………………………… 12

12. 第二胸肢形成十分发达的螯足 ………………………………………………… 原足目 Tanaidacea

– 第二胸肢不形成螯足 ……………………………………………………………………… 13

13. 头胸甲长，覆盖整个胸部或其大部分 …………………………………………………… 14

– 头胸甲短，向后只达到第二胸节 ……………………………………… 洞虾目 Spelaeogriphacea

14. 第二至第七胸肢或第三至第四胸肢具发达的鳃 ………………………………………… 15

– 胸肢无鳃 ……………………………………………………………………………… 糠虾目 Mysida

15. 第二至第七胸肢具发达的鳃 ………………………………………… 疣背糠虾目 Lophogastrida

– 第三至第四胸肢具发达的鳃 ……………………………………………… 暗糠虾目 Stygiomysida

16. 第一触角不具触角鞭 ……………………………………………………… 异虾目 Amphionidacea

– 第一触角具触角鞭 ………………………………………………………………………… 17

17. 胸肢全部双肢型，不特化成颚足 ……………………………………………… 磷虾目 Euphausiacea

– 胸肢前三对特化成颚足，双肢型，后 5 对为步足，单肢型 ……………………… 十足目 Decapoda

狭甲目 Leptostraca 分科检索表

1. 第 2 对小颚上 2 ～ 4 个内叶较小，刚毛退化；胸足排列间隔适宜；腹足具 2 ～ 4 个桨叶状外肢，外缘强弯，具许多小刺；尾叉叶状，中部较宽 ……………………大叶虾科 Nebaliopsididae Hessler, 1984

– 第 2 对小颚上至少前 3 个内叶发育良好，胸足排列间隔紧密（重叠）；腹足具 2 ～ 4 个外肢，其中部或远端轻微扩展，或与外缘平行；尾叉到尖端逐渐变细 ……………………………………………… 2

2. 成熟雄性的第 1 对触角具膨胀的感器；胸足长，延伸到头胸甲的腹边缘 ………………………………
……………………………………………………………… 拟叶虾科 Paranebaliidae Walker-Smith & Poore, 2001

– 成熟雄性的第 1 对触角不具膨胀的感器；具一片稠密的感觉毛，胸足短，不延伸到头胸甲的腹边缘，胸足第 2 ～ 5 感器长于外肢或缺失 ………………………………… 叶虾科 Nebaliidae Samouelle, 1819

口足目 Stomatopoda 分科检索表

1. 第三和第四颚足掌节纤细，非球状，腹侧不具棱纹 …………………………………………………… 2
– 第三和第四颚足掌节宽阔，球状，腹侧具棱纹 ……………………………………………………… 3
2. 尾节的所有边缘刺顶端可动 ………………………………… 深虾蛄科 Bathysquillidae Manning, 1967
– 仅尾节靠近中间边缘的刺顶端可动 ………………………………………………………………… 5
3. 第一步足内肢末节圆形或近圆形，尾肢内肢近身体部分外缘强烈折痕 …………………………
……………………………………………………………… 矮虾蛄科 Nannosquillidae Manning, 1980
– 第一步足内肢末节椭圆形或带状，长显著大于宽，尾肢内肢近身体部分外缘无强烈折痕 ………… 4
4. 尾节不具背部刺或脊，尾节中间刺和边缘刺与尾节边缘其他附属突起不能区分 ………………………
……………………………………………………………琴虾蛄科 Lysiosquillidae Giesbrecht, 1910
– 尾节具背部刺或脊，尾节中间刺和边缘刺与尾节边缘其他附属突起明显区分 ………………………
…………………………………………………… 四齿虾蛄科 Tetrasquillidae Manning & Camp, 1993
5. 尾节后缘两侧各具 4 个或更多的中间小齿 …………………………虾蛄科 Squillidae Latreille, 1802
– 尾节后缘两侧各少于 4 个中间小齿 ……………………………………………………………… 6
6. 捕肢指节基部膨大，基部外缘强烈凸起 …………………………………………………………… 7
– 捕肢指节基部正常，基部外缘非强烈凸起 ………………………………………………………… 10
7. 捕肢指节具齿…………………………………………………… 齿指虾蛄科 Odontodactylidae Manning, 1980
– 捕肢指节不具齿……………………………………………………………………………………… 8
8. 尾肢外肢关节末端、头胸甲侧板前缘平整或内凹，不超出额板基部 ………………………………
……………………………………………………………………… 原虾蛄科 Protosquillidae Manning, 1980
– 尾肢外肢关节亚末端、头胸甲侧板前缘平凸起，超出额板基部 …………………………………… 9
9. 尾肢外肢最末刺膨大，强烈内弯 ………………………………… 卓虾姑科 Takuidae Manning, 1995
– 尾肢外肢刺几乎等大，最末刺非强烈内弯 ………………… 指虾蛄科 Gonodactylidae Giesbrecht, 1910
10. 捕肢指节具 4 齿或更多齿 ……………………………………宽虾蛄科 Eurysquillidae Manning, 1977
– 捕肢指节具 3 齿 ……………………………………………………………………………………… 11
11. 角膜非对称两叶状，外叶大，尾肢基部延长部分突起 3 刺…… 仿虾蛄科 Parasquillidae Manning, 1995
– 角膜与上不同，尾肢基部延长部分突起 2 刺 ………………假虾蛄科 Pseudosquillidae Manning, 1977

疣背糠虾目 Lophogastrida 分科检索表

腹部体节具明显的侧甲板（pleural plate）…………………… 疣背糠虾科 Lophogastridae G.O. Sars, 1870
– 腹部体节不具侧甲板 ……………………………………………柄糠虾科 Eucopiidae G.O. Sars, 1885

糠虾目 Mysida 分科检索表

第 1 胸肢没有外肢；第 2 胸肢内肢长节具片状扩张；第 3 ～ 8 胸肢内肢掌节不分节，尾肢内肢不具平衡囊……………………………………………………… 瓣眼糠虾科 Petalophthalmidae Czerniavsky, 1882
– 第 1 胸肢具发达的外肢；第 2 胸肢内肢长节不具片状扩张；第 3 ～ 8 胸肢内肢掌节分为小节；尾肢具平衡囊……………………………………………………………… 糠虾科 Mysidae Haworth, 1825

端足目分亚目检索表

1. 头部较小，与第一胸节愈合成头胸部，眼小，颚足具分节的触须 ………………………………… 2
– 体形近圆形或细长，一般复眼特大，几乎占据整个头部，颚足不具须 ……………蛾亚目 Hyperiidea
2. 第一和第二尾肢顶端具强壮刚毛 ………………………………………………………棘尾亚目 Senticaudata
– 第一和第二尾肢顶端不具强壮刚毛 ……………………………………………………………………… 3
3. 体躯近圆柱形………………………………………………………………………… 科洛亚目 Colomastigidea
– 体躯左右扁平或背腹扁平 ……………………………………………………… 矛钩虾亚目 Amphilochidea

棘尾亚目 Senticaudata 分下目检索表

1. 尾节非肉质……………………………………………………………………………………………… 2
– 尾节肉质，第 3 和第 4 步足腺状，第 1 和第 2 鳃足不同 ……………………… 蜾蠃蜚下目 Corophiida
2. 第 2 触角第 1 节非球形……………………………………………………………………………… 3
– 第 2 触角第 1 节球形………………………………………………………………… 钩虾下目 Gammarida
3. 第 2 鳃足不比第 1 鳃足粗壮，第 1 小颚基部内叶顶端多刚毛 …………………… 跳钩虾下目 Talitrida
– 第 2 鳃足比第 1 鳃足粗壮，第 5 腹节具 1 对强壮刚毛，第 1 尾肢柄底表面具强壮刚毛 ……………
……………………………………………………………………………… 哈德钩虾下目 Hadziida

跳钩虾下目 Talitrida 分科检索表

1. 第 1 到第 3 腹节各节背侧具脊 ………………………………………………………………………… 2
– 第 1 到第 3 腹节各节背侧不具脊 ……………………………………………………………………… 3
2. 尾节顶端微凹，微裂或完整 ……………………………… 多棘钩虾科 Dogielinotidae Gurjanova, 1953
– 节顶端深裂或中等程度开裂 …………………………………………玻璃钩虾科 Hyalidae Bulyčeva, 1957
3. 第一触角柄第 1 节大于或等于第 2 节，且第 3 节小于或等于第 1 节 …………………………………
……………………………………………………………… 奇尔顿钩虾科 Chiltoniidae J.L. Barnard, 1972
– 第一触角柄第 1 节小于或等于或大于第 2 节，且第 3 节大于或等于第 1 节 ……………………………
………………………………………………………………………… 跳钩虾科 Talitridae Rafinesque, 1815

蜾蠃蜚下目 Corophiida 分科检索表

1. 第一触角第 3 节短，等于或少于第 2 节的一半 ……………………………………………………… 2
– 第一触角第 3 节长，长于第 2 节的一半 ……………………………………………………………… 4
2. 第三尾肢 1 分支具强壮后弯刚毛 …………………………………藻钩虾科 Ampithoidae Boeck, 1871
– 第三尾肢不具强壮后弯刚毛 …………………………………………………………………………… 3
3. 第一鳃足不延长……………………………………………………………蜾蠃蜚科 Corophiidae Leach, 1814
– 第一鳃足延长，第 7 步足不成比例地长于第六步足 ………………刀钩虾科 Aoridae Stebbing, 1899
4. 第 5 ～ 7 步足适于抓握，头部圆润，具明显颈区 ……………………麦秆虫科 Caprellidae Leach, 1814
– 第 5 ～ 7 步足不适于抓握 ………………………………………………………………………………… 5
5. 第三尾肢柄长，长是宽的 2 倍 …………………………………………………………………………… 6
– 第三尾肢柄短，长少于宽的 2 倍，或退化 ……………………………………………………………… 7
6. 第三尾肢柄末端窄……………………………………………壮角钩虾科 Ischyroceridae Stebbing, 1899
– 第三尾肢柄头尾等宽……………………………………………………………亮钩虾科 Photidae Boeck, 1871

7. 第 4 腹节（有时第 5 腹节）极其延长，长至少是宽的 3 倍 ······ 8
– 第 4 腹节和第 5 腹节不延长，长少于宽的 3 倍 ······ 9
8. 头部三角形，第 3 和第 4 步足基部扩展 ······ 杜林钩虾科 Dulichiidae Dana, 1849
– 头部矩形，第 3 和第 4 步足基部线形 ······ 地钩虾科 Podoceridae Leach, 1814
9. 雄性第 2 底节板极其扩大，盾状 ······ 盾钩虾科 Priscomilitaridae Hirayama, 1988
– 雄性第 2 底节板非极其扩大，非盾状 ······ 卡马钩虾科 Kamakidae Myers & Lowry, 2003

哈德钩虾下目 Hadziida 分科检索表

1. 第一触角短于第二触角，第一尾肢柄不具底表强壮刚毛 ······ 2
– 第一触角长于第二触角，第一尾肢柄具底表强壮刚毛 ······ 5
2. 第一和第二触角不具船形感觉体 ······ 3
– 第一和第二触角具船形感觉体 ······ 海钩虾科 Pontogeneiidae Stebbing, 1906
3. 第三尾肢柄延长 ······ 大尾钩虾科 Megaluropidae Thomas & Barnard, 1986
– 第三尾肢柄不延长 ······ 4
4. 第 5 腹节背侧具成对的凹陷，每个凹陷具 1 ～ 3 小刚毛 ······
······ 强螯钩虾科 Cheirocratidae d'Udekem d'Acoz, 2010
– 第 5 腹节背侧不具成对的凹陷，无小刚毛 ······ 拟角钩虾科 Hornelliidae d'Udekem d'Acoz, 2010
5. 第 2 鳃足雌雄异形 ······ 6
– 第 2 鳃足雌雄同形 ······ 毛钩虾科 Eriopisidae Lowry & Myers, 2013
6. 第一鳃足掌节边缘具强壮刚毛 ······ 细身钩虾科 Maeridae Krapp-Schickel, 2008
– 第一鳃足掌节边缘不具强壮刚毛 ······ 马耳他钩虾科 Melitidae Bousfield, 1973

矛钩虾亚目 Amphilochidea 分科检索表

1. 尾节肉质，厚，无缺刻 ······ 2
– 尾节平坦，呈活瓣状，有缺刻或完全 ······ 3
2. 2 ～ 4 底节板巨大，第 1 底节板小，被第 2 底节板覆盖，颚足的外板小 ······
······ 板钩虾科 Stenothoidae Boeck, 1871
– 第 1 底节板大或有变化，假如较小，则颚足外板很发达，具刺 ······
······ 颚足钩虾科 Maxillipiidae Ledoyer, 1973
3. 头部呈圆锥状前突 ······ 锥头钩虾科 Platyischnopidae Barnard & Drummond, 1979
– 头部不呈圆锥状前突 ······ 4
4. 头部圆球状，鳃足细弱，大颚须第 3 节痕迹状 ······ 辛诺钩虾科 Synopiidae Dana, 1853
– 头部不为圆球状，鳃足一般不细弱，大颚须第三节正常 ······ 5
5. 第二鳃足第 3 节延长 ······ 6
– 第二鳃足第 3 节不延长 ······ 15
6. 第二鳃足细长，掌节卵圆形 ······ 7
– 第二鳃足非细长，掌节非卵圆形 ······ 14
7. 无副鞭，1 ～ 3 底节板低，末端常尖，1 ～ 3 腹节具尖背突 ······ 壮体钩虾科 Iphimediidae Boeck, 1871
– 有副鞭，1 ～ 3 腹节背部光滑，无尖背突 ······ 8
8. 大颚平扁，无触须 ······ 隐首钩虾科 Stegocephalidae Dana, 1855

– 大颚非平扁，厚而具须…………………………………………………………………………………9
9. 头部特殊，深长，前中部具刻痕 …………………亚莫钩虾科 Amaryllididae Lowry & Stoddart, 2002
– 头部正常，前中部不具刻痕 ……………………………………………………………………………10
10. 第三步足亚螯状…………………………………………奋钩虾科 Endevouridae Lowry & Stoddart, 1997
– 第三步足非螯状…………………………………………………………………………………………11
11. 第一鳃足腕节极压缩，而掌节极延长 …………………厚壳钩虾科 Pakynidae Lowry & Myers, 2017
– 第一鳃足腕节非极压缩，而掌节非极延长…………………………………………………………12
12. 第一小颚外板为 7/4 排列……………………………………………乌里斯钩虾科 Uristidae Hurley, 1963
– 第一小颚外板不为 7/4 排列……………………………………………………………………………13
13. 大颚具蜿蜒、锯齿状的边缘 ………………………拟强钩虾科 Valettiopsidae Lowry & De Broyer, 2008
– 大颚非蜿蜒或锯齿状边缘，第一触角第 2、第 3 柄节短………光洁钩虾科 Lysianassidae Dana, 1849
14. 尾节叶（telson lobes）窄而深裂 …………………………………长足钩虾科 Dexaminidae Leach, 1814
– 尾节叶（telson lobes）正常，基部融合 ……………………………鼻钩虾科 Atylidae Lilljeborg, 1865
15. 尾部 1 ～ 3 节或 2 ～ 3 节愈合 …………………………………………………………………………16
– 尾部各节不愈合……………………………………………………………………………………………18
16. 第 7 步足结构不同于第 6 步足，第 7 步足第 2 节壳形或具尖角，头部延长或具单眼，第 7 步足第 2 节具长而密的缘刚毛…………………………………………双眼钩虾科 Ampeliscidae Krøyer, 1842
– 第 7 步足与第 6 步足相似，但较长，指节长…………………………………………………………17
17. 无眼或在背部愈合，头呈盔形，第 2 鳃足细长…………… 合眼钩虾科 Oedicerotidae Lilljeborg, 1865
– 有眼，在背两侧，头部不呈盔形，第 2 鳃足粗短…………………………………………………………
………………………………………………………仿美钩虾科 Paracalliopiidae Barnard & Karaman, 1982
18. 3、4 底节板宽阔，联合为壳形 ……………………………西普钩虾科 Cyproideidae J.L. Barnard, 1974
– 3、4 底节板正常，不为壳形 ……………………………………………………………………………19
19. 大颚无臼齿，若有则非研磨状，无很多脊或齿 …………………………………………………………20
– 大颚臼齿发达，研磨状，具脊或齿 ………………………颚肢钩虾科 Melphidippidae Stebbing, 1899
20. 第一鳃足腕螯状…………………………………………………………白钩虾科 Leucothoidae Dana, 1852
– 第一鳃足掌螯状、亚螯状或简单 …………………………………………………………………………21
21. 第 1 触角长于第 2 触角，副鞭 1 节或缺乏，鳃足掌缘不平截，尾节完全或具浅凹，上唇不对称，下唇外板不尖，内板部分愈合………………………………………肋钩虾科 Pleustidae Buchholz, 1874
– 以上特征不联合……………………………………………………………………………………………22
22. 第 7 步足短于或不同于第 6 步足，头部额角小或扁平 …………………………………………………23
– 第 7 步足与第 6 步足相似，头部不具扁平额角 …………………………………………………………26
23. 第 2 底节板大，斧形 ……………………………………………………华尾钩虾科 Sinurothoidae Ren, 1999
– 第 2 底节板正常……………………………………………………………………………………………24
24. 颚足触须 3 节 ……………………………………………………平额钩虾科 Haustoriidae Stebbing, 1906
– 颚足触须 4 节 ……………………………………………………………………………………………25
25. 大颚大而厚，切齿厚和无齿，臼齿大，几乎光滑，额角小……尾钩虾科 Urothoidae Bousfield, 1978
– 大颚正常，切齿薄，具弱齿，臼齿大到小，研磨型到光滑，额角长而平扁 ……………………………
……………………………………………………………尖头钩虾科 Phoxocephalidae G. O. Sars, 1891

26. 大颚切齿扁平，颚足内板短或无 …………………………… 豹钩虾科 Pardaliscidae Boeck, 1871
– 大颚切齿非扁平，颚足内板存在，不短 …………………………………………………………………… 27
27. 尾节延长，触角常具船形感觉体，鳃足大而强壮，亚螯状 ……… 美钩虾科 Eusiridae Stebbing, 1888
– 尾节较短，触角常不具船形感觉体 …………………………………………………………………………… 28
28. 副鞭多于 2 节，额角小，第 3 尾肢柄短于分肢，尾节裂刻较深 ……………………………………
……………………………………………………………………… 利尔钩虾科 Liljeborgiidae Stebbing, 1899
– 无副鞭，额角接近第 1 触角第 2 柄节长度，第 3 尾肢柄长于分肢，尾节裂刻较浅 ……………………
………………………………………………………………………… 矛钩虾科 Amphilochidae Boeck, 1871

等足目 Isopoda 分科检索表

1. 5 对胸足；雄性成体大颚巨大，钳状，伸出头部；雌性成体无大颚 …………………………………………
…………………………………………………………………………… 巨颚水虱科 Gnathiidae Leach, 1814
– 7 对胸足；雄性成体无钳状、伸出头部的巨大大颚；雌性成体有大颚 ………………………………… 2
2. 成体专性寄生于其他甲壳动物；雌性身体不左右对称；第二触角退化；第一触角退化为节或更少；无第 1 小颚 ………………………………………………………………… 鳃虱科 Bopyridae Rafinesque, 1815
– 不专性寄生于其他甲壳动物；雌性身体左右对称；第二触角不退化；第一触角可变；通常有第 1 小颚
……… 3
3. 第一触角退化，腹部由 5 个自由活动的腹节组成，另有 1 尾腹节 ……海蟑螂科 Ligiidae Leach, 1814
– 水生，第一触角正常，即使退化也不明显缩小；腹部可变，有或无融合的腹节 ……………………… 4
4. 肛门和尾肢活动基部位于尾腹节末端或亚末端；尾肢刺针状 ……畸水虱科 Janiridae G. O. Sars, 1897
– 肛门和尾肢活动基部位于尾腹节基部；尾肢扁平 ……………………………………………………… 5
5. 身体伸长，长通常大于宽的 6 倍；尾肢外肢背向弯曲，高于尾腹节；颚足的底节与头部融合；大颚有齿板；第一小颚有一伸长的刺，尖端钩状或边缘锯齿状；第二小颚退化，与副颚融合（或消失）…
……… 6
– 身体不明显伸长，长通常小于宽的 4 倍；尾肢外肢不弯曲超过尾腹节；颚足的底节不与头部融合；大颚无齿板；第一小颚可变；第二小颚正常，从不与副颚融合 ……………………………………… 7
6. 口器针状，适应穿刺和吸食，形成一圆锥状结构；大颚切齿通常平滑，无臼齿突或齿板；1 ～ 6 腹节通常有明显缝线 ………………………………… 拟背尾水虱科 Paranthuridae Menzies & Glynn, 1968
– 口器适应切割和咀嚼；大颚通常具臼齿突、齿板和具齿的切齿；通常所有或大部分腹节融合 ………
…………………………………………………………………………背尾水虱科 Anthuridae Leach, 1814
7. 尾肢特化，形成一对腹侧的盖，包裹住整个腹肢腔；雄性阴茎位于第 1 腹节胸板上，或者位于第 7 胸节和第 1 腹节的连接处；大颚臼齿突为一粗壮、扁平的磨状结构 ……………………………………… 8
– 尾肢不特化成包裹住整个腹肢腔的盖，位于侧面；雄性阴茎位于第 7 胸节处；大颚臼齿突通常为一细薄的、刀刃状的切割结构，或者消失 …………………………………………………………………… 9
8. 第 4 步足与其他步足相似，身体卵圆形或长圆柱形，尾腹节后缘尖，很少呈圆形 ……………………
……………………………………………………………………… 盖鳃水虱科 Idoteidae Samouelle, 1819
– 第 4 步足短于其他步足，且各节末端生有小刺，身体近似长方形，尾腹节后缘呈圆形 ………………
…………………………………………………………………… 全颚水虱科 Holognathidae Thomson, 1904
9. 尾肢明显退化，外肢很小，通常爪状；身体短于 4 mm；在木头或海藻根部挖洞 ………………………

…………………………………………………………………蛀木水虱科 Limnoriidae White, 1850

– 尾肢不明显退化；身体很少短于 3 mm；很少在木头或海藻根部挖洞 ……………………………… 10

10. 腹部由 3 个或更少的背面可见的自由活动腹节组成，另有 1 尾腹节 ………………………………
………………………………………………………………… 团水虱科 Sphaeromatidae Latreille, 1825

– 腹部由 4 个或 5 个背面可见的自由活动腹节组成，另有 1 尾腹节 ……………………………… 11

11. 所有步足适合抓握（指节长于掌节）；第 1 触角退化，触角柄与触角鞭之间没有明显的界限；颚足须 2 节 ……………………………………………………… 缩头水虱科 Cymothoidae Leach, 1818

– 至少第 4 ～ 7 步足适合行走（指节不长于掌节）；第 1 触角正常，触角柄与触角鞭之间有明显的界限；颚足须 2 ～ 5 节 …………………………………………………………………………………… 12

12. 第 1 ～ 3 步足十分适合抓握（指节长于掌节）；颚足和第 1 小颚、第 2 小颚有粗壮、弯曲的末端刚毛；大颚内叶和臼齿凸退化或消失；第 2 小颚退化成 1 根细针…………纺锤水虱科 Aegidae White, 1850

– 第 1 ～ 3 步足不十分适合抓握；颚足无粗壮、弯曲的末端刚毛；大颚有或无内叶和臼齿凸；第 2 小颚呈细针状 ……………………………………………………………………………………… 13

13. 大颚有明显的内叶和大的叶状臼齿凸；大颚切齿通常宽，3 齿；第 1 小颚侧缘（外缘）叶通常有几个（10 ～ 14 根）粗刺，不呈针状或钩状；第 2 小颚正常；第 1 ～ 3 步足不适合抓握（指节不长于掌节）……………………………………………………………浪漂水虱科 Cirolanidae Dana, 1852

– 大颚的内叶和臼齿凸退化或消失；大颚切齿窄；第 1 小颚侧缘（外缘）叶简单，钩状；第 2 小颚退化；第 1 ～ 3 步足不十分适合抓握或适合行走 ……………………珊瑚水虱科 Corallanidae Hansen, 1890

原足目 Tanaidacea 分科检索表

1. 第一触角具内鞭和外鞭；大颚具触须 ……………………………… 长尾虫科 Apseudidae Leach, 1814

– 第一和第二触角只有外鞭，无内鞭；大颚无触须 ……………………………………………………… 2

2. 后六对胸肢无座节……………………………………………………… 原足虫科 Tanaididae Nobili, 1906

– 后六对胸肢有座节…………………………………………………… 仿原足虫科 Paratanaidae Lang, 1949

涟虫目 Cumacea 分科检索表

1. 无尾节……………………………………………………………………………………………………… 2

– 有尾节……………………………………………………………………………………………………… 4

2. 大颚舟形；臼齿突圆锥状；或大颚基部扩大，臼齿突针尖状 ………………………………………… 3

– 大颚基部扩大，形状平截，臼齿突圆柱状 …………………………尖额涟虫科 Leuconidae Sars, 1878

3. 雄性通常具 5 对腹肢，个别的 2 对或 3 对；尾肢内肢 1 节或 2 节 ····涟虫科 Bodotriidae T. Scott, 1901

– 雄性无腹肢；尾肢内肢 1 节 ……………………………………… 小涟虫科 Nannastacidae Bate, 1866

4. 雄性 5 对腹肢；颚足及胸肢具 3 对外肢；尾肢内肢仅 1 节 ···· 角涟虫科 Ceratocumatidae Calman, 1905

– 雄性具 0 ～ 3 对腹肢；颚足及胸肢具 5 对外肢 ……………………………………………………… 5

5. 尾节发达，至少 3 根端刺 ……………………………………… 美丽涟虫科 Lampropidae Sars, 1878

– 尾节发达或小，2 根端刺或无 …………………………………………………………………………… 6

6. 尾肢内肢 1；尾节小而无端刺 ………………………………… 伪涟虫科 Pseudocumatidae Sars, 1878

– 尾肢内肢 2 ～ 3 节或不分节；尾节大，具 2 根端刺 …………………针尾涟虫科 Diastylidae Bate, 1856

磷虾目 Euphausiacea 分科检索表

无发光器；眼不发达 ……………………………………………… 深水磷虾科 Bentheuphausiidae Colosi, 1917
– 有发光器，位于眼柄、胸足基部和腹节腹面；眼发达，活体的眼黑色 ………………………………
……………………………………………………………………………………… 磷虾科 Euphausiidae Dana, 1852

十足目 Decapoda 分亚目检索表

鳃枝状（dendrobranchiate），数目多；卵直接产于海水中（不抱卵）；初孵化的幼体为无节幼体（nauplius）
…………………………………………………………………………………………… 枝鳃亚目 Dendrobranchiata
– 鳃叶状（phyllobranchiate）或丝状（trichobranchiate）；卵产出后抱在雌体腹部附肢上（抱卵）；初孵化的幼体为原溞状幼体（protozoea）或溞状幼体（zoea）………………………………… 腹胚亚目 Pleocyemata

枝鳃亚目 Dendrobranchiata 分总科检索表

头胸甲每侧的鳃至少具有 11 个；部分胸节每侧至少具有 3 个鳃 ………………………………………………
…………………………………………………………………………… 对虾总科 Penaeoidea Rafinesque, 1815
– 头胸甲每侧的鳃不超过 8 个；每个胸节每侧不超过 2 个鳃 ……………………………………………………
……………………………………………………………………………… 樱虾总科 Sergestoidea Dana, 1852

对虾总科 Penaeoidea 分科检索表

1. 具眼后刺 ………………………… 管鞭虾科 Solenoceridae Wood-Mason in Wood-Mason & Alcock, 1891
– 无眼后刺 …………………………………………………………………………………………………… 2
2. 外壳坚硬不平；第 3 ～ 5 腹足单肢型，缺少内肢 ………………… 单肢虾科 Sicyoniidae Ortmann, 1898
– 外壳平整；第 3 ～ 5 腹足双肢型 ……………………………………………………………………………… 3
3. 额齿和后额齿总共有 1 枚或 2（极少 3）枚 ……………………………………………………………………
………………………………… 深对虾科 Benthesicymidae Wood-Mason in Wood-Mason & Alcock, 1891
– 额齿和后额齿多于 2 枚 ………………………………………………………………………………………… 4
4. 第 1 触角柄内侧附肢发达 ……………………………………………… 对虾科 Penaeidae Rafinesque, 1815
– 第 1 触角柄内侧附肢退化或呈刚毛状 …… 须虾科 Aristeidae Wood-Mason in Wood-Mason & Alcock, 1891

樱虾总科 Sergestoidea 分科检索表

无鳃；身体显著侧扁 ……………………………………………………… 莹虾科 Luciferidae De Haan, 1849
– 具鳃；身体一般侧扁 ………………………………………………………… 樱虾科 Sergestidae Dana, 1852

腹胚亚目 Pleocyemata 分下目检索表

1. 蟹型；第 1 对胸足形成螯足，其他 4 对形成步足；腹部短而扁，紧紧折叠在头胸部腹面，（至少雄性）形成深的腹甲沟；无尾肢 ……………………………………………………………… 短尾下目 Brachyura
– 虾型、龙虾型或蟹型；胸足各种形态；腹部发达充满肌肉质，或扁短弯曲在头胸甲下但与头胸甲腹面不嵌合；绝大部分类群具有尾肢 ……………………………………………………………………… 2
2. 前 3 对胸足螯型，第 3 对胸足强壮 ……………………………………………… 猬虾下目 Stenopodidea
– 胸足无螯或部分螯型，螯型的胸足中，第 1 对或第 2 对最强壮 ……………………………………… 3
3. 龙虾型；具有 4 对或 5 对螯型的胸足，第 1 对最细长；头胸甲扁平 ……………………………………
……………………………………… 多螯下目 Polychelida 多螯虾科 Polychelidae Wood-Mason, 1875

– 虾型、龙虾型和蟹型；不多于 3 对的胸足呈螯型 ······························ 4
4. 龙虾型；前 3 对胸足螯型，第 1 对最强壮（第 5 对胸足有时也呈螯型）············ 螯虾下目 Astacidea
– 呈螯型的胸足少于 3 对··· 5
5. 龙虾型；无呈螯型的胸足 ···无螯下目 Achelata
– 1 对或 2 对呈螯型的胸足 ··· 6
6. 虾型；头胸甲和腹部左右侧扁或圆柱形；腹部通常不能弯在头胸甲下 ················ 真虾下目 Caridea
– 寄居蟹型、龙虾型或蟹型；腹部背腹扁平，可以向前弯曲或折叠、钳合在头胸甲下方 ················ 7
7. 寄居蟹型、龙虾型或类蟹型；腹部扭曲或扁平；第 5 胸足退化或消失 ··············· 异尾下目 Anomura
– 龙虾型；腹部较长且充满肌肉质；第 5 胸足稍小于前面的胸足 ·························· 8
8. 第 1 和第 2 胸足螯型···阿蛄虾下目 Axiidea
– 第 1 胸足螯型或亚螯型，第 2 螯足亚螯形或非螯型 ····························· 蝼蛄虾下目 Gebiidea

真虾下目 Caridea 分科检索表

1. 第一步足螯状或简单·· 2
– 第一步足亚螯状或适于执握（褐虾总科 Crangonoidea Haworth, 1825）··························· 22
2. 第一、第二步足相似，螯指（螯的可动指和不可动指）细长，切面具长且窄的齿而呈梳状，第二颚足无外肢（exopod）·· 玻璃虾科 Pasiphaeidae Dana, 1852
– 第一、第二步足螯指不全为梳状，两者形状常很不相同 ··································· 3
3. 第二步足腕节不分亚节；第一步足螯发达 ·· 4
– 第二步足腕节常分为 2 或更多亚节；如果第二步足腕节不分亚节，则第一步足非螯状 ·············· 15
4. 第二颚足后两节与末第三节末端并列；第一、第二步足形状相似，螯指极细长，长大于直径的 10 倍，大于掌部的 5 倍，无齿但具长纲毛 ························· 棒指虾科 Stylodactylidae Spence Bate, 1888
– 第二颚足最后 1 节长在末第二节上，不与末第三节接触；第一、第二步足螯指不特别长 ············ 5
5. 第一步足螯指均可动······························ 剪足虾科 Psalidopodidae Wood-Mason & Alcock, 1892
– 第一步足螯仅 1 个可动指，另一指不可动 ··· 6
6. 步足具上肢（epipod），上肢长，端部光裸，与步足垂直，远伸到相应侧鳃之后的鳃腔；第一、第二步足相似·· 刺虾总科 Oplophoroidea Dana, 1852 7
– 步足如具上肢，端部不长而裸 ·· 8
7. 臼齿部特殊，具深沟和薄壁 ··· 刺虾科 Oplophoridae Dana, 1852
– 臼齿部非特殊，不具深沟和薄壁 ···························· 棘虾科 Acanthephyridae Spence Bate, 1888
8. 第一、第二步足螯相似，指端一般具一撮密的刚毛 ···················· 匙指虾科 Atyidae De Haan, 1849
– 第一、第二步足螯的指端不具密而成簇的刚毛 ·· 9
9. 第一步足虽常短于第二步足，但更粗壮 ··· 10
– 第一步足通常细于第二步足，很少与后者相似 ·· 13
10. 步足无带状上肢；大颚臼齿突圆锥形、薄片状或芽状··································
··· 埃尔文虾科 Alvinocarididae Christoffersen, 1986
– 至少前 3 对步足具带状上肢；大颚臼齿突钝或近平截，表面具脊状构造以磨碎食物····················
··线足虾总科 Nematocarcinoidea Smith, 1884 11
11. 额角具细齿，前 2 对步足细，螯指无极长刺 ·················· 线足虾科 Nematocarcinidae Smith, 1884

– 额角、螯指侧面或端面具刺，当两指咬合时形成篮状空腔……………………………………………12

12. 额角可动（基部有关节与头胸甲相连），或至少与头胸甲不完全愈合；头胸甲无侧脊；步足无外肢………………………………………………………………………活额虾科 Rhynchocinetidae Ortmann, 1890

– 额角完全与头胸甲愈合，不可动；头胸侧面具 3 条明显纵脊；所有步足均具外肢…………………………………………………………………………驼背虾科 Eugonatonotidae Chace, 1937

13. 前 4 对步足各具 1 关节鳃；第一触角背鞭简单，不分叉；大颚非二叉状………………………………………………………………………………弯背虾科 Campylonotidae Sollaud, 1913

– 步足均无关节鳃；第一触角背鞭具 1 附枝；大颚臼齿突与切齿突明显分开呈叉状，有时切齿突变小（长臂虾总科 Palaemonoidea Rafinesque, 1815）……………………………………………………………14

14. 第一颚足外肢真虾叶端部尖锐突出………………… 盲虾科 Typhlocarididae Annandale & Kemp, 1913

– 第一颚足外肢真虾叶端部非尖锐突出………………………长臂虾科 Palaemonidae Rafinesque, 1815

15. 右第一步足具螯，左第一步足简单无螯，末端为 1 爪状指节；如果第一步足均为螯状，则额角端部因具一亚端背齿而形成背部凹陷，内具茸毛，额角仅具亚端背齿；第一颚足外肢紧靠内叶，取代颚足须……………………………………………………………异指虾科 Processidae Ortmann, 1896

– 左右第一步足均具螯或均简单无螯；第一颚足外肢远离内叶…………………………………………16

16. 第一步足明显具螯（鼓虾总科 Alpheoidea Rafinesque, 1815）……………………………………17

– 第一步足螯很小，或不具螯（长额虾总科 Pandaloidea Haworth, 1825）……………………………21

17. 眼柄极长，伸近第一触角柄部末端，第一、第二步足等粗…… 长眼虾科 Ogyrididae Holthuis, 1955

– 眼正常，有时被头胸甲前缘盖住；第一步足远粗壮于第二步足……………………………………18

18. 头胸甲后缘具心侧缺刻；眼常部分或全部被头胸甲盖住；第一步足常不相等并膨胀………………………………………………………………………………鼓虾科 Alpheidae Rafinesque, 1815

– 头胸甲后缘无心侧缺刻（*Saron* 属除外）；眼不被头胸甲盖住；第一步足通常相等，不膨胀 ……19

19. 小触角背鞭短而粗壮，具很多嗅觉毛，第二步足腕节 6 ～ 7 节…… 托虾科 Thoridae Kingsley, 1879

– 与上不同，或上述特征不联合…………………………………………………………………………20

20. 大颚通常只具臼齿突；第二步足腕节 10 亚节以上，长节一般也分亚节………………………………………………………………………………鞭腕虾科 Lysmatidae Dana, 1852

– 大颚通常具臼齿突和切齿突；第二步足长节一般不分亚节…… 藻虾科 Hippolytidae Spence Bate, 1888

21. 额角腹面不具齿和刚毛…………………… 绿点虾科 Chlorotocellidae Komai, Chan & De Grave, 2019

– 额角发达，腹面具齿……………………………………………… 长额虾科 Pandalidae Haworth, 1825

22. 第二步足腕节分成多个亚节；第一步足抓握状，即指节可紧紧折向攀节的内面………………………………………………………………………………镰虾科 Glyphocrangonidae Smith, 1884

– 第二步足腕节不分亚节；第一步足亚螯状，即指节可紧紧折在掌节平截的端面，而该端面常具 1 个刺……………………………………………………………… 褐虾科 Crangonidae Haworth, 1825

猬虾下目 Stenopodidea 分科检索表

身体左右侧扁；尾长矛状；第 2 颚足掌节腹缘具刺；第 3 颚足外肢明显………………………………………………………………………………猬虾科 Stenopodidae Claus, 1872

– 身体腹背纵扁；尾宽，卵圆状或近四边形；第 2 颚足掌节腹缘无刺；第 3 颚足常无外肢或不发育…………………………………………………………………………俪虾科 Spongicolidae Schram, 1986

螯虾下目 Astacidea 分科检索表

身体多刚毛；第 1 胸足粗壮，螯型；第 2 ～ 5 胸足细长，亚螯形（第 5 胸足稍显不同）；腹甲侧缘圆…………………………………………………………………………碓螯虾科 Enoplometopidae de Saint Laurent, 1988

– 身体光滑无毛；第 1 ～ 3 胸足细长，螯型，第 4 ～ 5 胸足非螯型；腹甲侧缘尖锐…………………………………………………………………………海螯虾科 Nephropidae Dana, 1852

蝼蛄虾下目 Gebiidea 分科检索表

1. 尾肢很细；鳃不规则排列，基部丝状，末部小片状；额角多刺，窄………………………………………………………………海蛄虾科 Thalassinidae Latreille, 1831
– 尾肢片状；鳃规则地成对排列，叶片状；额角扁平或退化……………………………………2
2. 头胸甲后缘平滑地弯曲；第 1 腹节无前侧叶；第 2 小颚的颚舟叶后叶无或具有 1 根刚毛…………………………………………………………………蝼蛄虾科 Upogebiidae Borradaile, 1903
– 头胸甲后缘具有侧叶；第 1 腹节具有前侧叶；第 2 小颚的颚舟叶后叶具有多根长刚毛………3
3. 尾肢无横缝线……………………………………锥头泥虾科 Axianassidae Schmitt, 1924
– 尾肢（或内肢和外肢其中之一）具有横缝线…………泥虾科 Laomediidae Borradaile, 1903

阿蛄虾下目 Axiidea 分科检索表

1. 鳃甲缝无；第 1 触角第 3 节与第 2 节等长……………………………………………………2
– 鳃甲缝至少在前端出现（如果无，则眼柄扁平，腹肢边缘饰片圆柱形）；第 1 触角第 3 节通常长于第 2 节……………………………………………………………………………………4
2. 第 2 腹节长度小于第 1 腹节的 2 倍；第 2 ～ 5 腹肢的外肢不向外延伸呈叶状；第 1 腹节侧甲伸长；第 4 胸足底节近圆柱形；第 3 和第 4 胸足前节多少呈直线形；尾肢内肢卵圆形；第 2 ～ 4 胸足和腹节无成列的刚毛……………………………………………阿蛄虾科 Axiidae Huxley, 1879
– 第 2 腹节长度是第 1 腹节的 2 倍；第 2 ～ 5 腹肢的外肢向外突出呈叶状；第 1 腹节侧甲不伸长；第 4 胸足底节扁平；第 3 和第 4 胸足前节有些扁平；尾肢内肢三角形或卵圆形；第 2 ～ 4 胸足和腹节具有成列的刚毛……………………………………………………………………………3
3. 额角多刺，末端双叉型；头胸甲无纵向和垂直向的刚毛列；第 1 触角第 1 节与第 2 节等长；大颚切齿呈对称的齿状；后面的胸足的上肢和足鳃退化…………………斯蛄虾科 Strahlaxiidae Poore, 1994
– 额角无刺；头胸甲具有纵向和垂直向的刚毛列；第 1 触角第 1 节长于第 2 节；大颚切齿不对称，不呈齿状；后面的胸足的上肢和足鳃几乎不退化……………………米蛄虾科 Micheleidae K. Sakai, 1992
4. 第 2 小颚的颚舟叶后缘具有长刚毛；第 1 胸足长节后缘外凸；第 3 胸足前节后缘末端具有一根刺状的刚毛；第 2 ～ 4 胸足和腹节通常具有成列的刚毛；第 1 腹节前部强烈的几丁质化；头胸甲长约为总体长的一半；第 4 胸足座节不可动………………………………玉虾科 Callianideidae Kossman, 1880
– 第 2 小颚的颚舟叶后缘无刚毛；第 1 胸足长节后缘平直或多刺；第 3 胸足前节后缘末端具有一根刺状的刚毛；第 2 ～ 4 胸足和腹节无成列的刚毛；第 1 腹节前部细微的几丁质化；头胸甲长约为总体长的三分之一；第 4 胸足座节可动……………………………美人虾科 Callianassidae Dana, 1852

无螯下目 Achelata 分科检索

头胸甲圆柱形，第二触角柄细长………………………………………龙虾科 Palinuridae Latreille, 1802

– 头胸甲扁平，第二触角柄宽扁 …… 蝉虾科 Scyllaridae Latreille, 1825

异尾下目 Anomura 分总科检索表

1. 第 2 ～ 4 步足指节扁平，挖掘足；螯足棒状或亚螯状 …… 蝉蟹总科 Hippoidea Latreille, 1825
– 第 2 ～ 4 步足指节不扁平；螯足呈螯状 …… 2
2. 腹部发达，通常柔软且左右扭曲，部分种类腹部左右对称但不显著折叠于头胸甲下方；第三对步足退化或者与前两对相比显著短小；大部分寄居在螺壳或孔洞内 …… 寄居蟹总科 Paguroidea Latreille, 1802
– 腹部扁平，不左右扭曲，向前方折叠；第三对步足与前两对相比等大或近似等大；几乎全自由生活 …… 3
3. 无尾肢；部分腹甲不完整，细分为多块板区；雄性无腹肢 …… 石蟹总科 Lithodoidea Samouelle, 1819
– 具有尾肢；各腹甲完整；雄性通常具有腹肢 …… 4
4. 第二触角柄 5 节；尾节仅分为前后节板 …… 柱螯虾总科 Chirostyloidea Ortmann, 1892
– 第二触角柄 4 节；尾节细分为多块节板 …… 铠甲虾总科 Galatheoidea Samouelle, 1819

蝉蟹总科 Hippoidea 分科检索表

1. 螯足指节棒形 …… 蝉蟹科 Hippidae Latreille, 1825
– 螯足亚螯形 …… 2
2. 鳃为毛鳃 …… 眉足蟹科 Blepharipodidae Boyko, 2002
– 鳃为叶鳃 …… 管须蟹科 Albuneidae Stimpson, 1858

寄居蟹总科 Paguroidea 分科检索表

1. 第 1 触角柄鞭的上鞭末端钝圆，呈“棍状” …… 陆寄居蟹科 Coenobitidae Dana, 1851
– 第 1 触角柄鞭的上鞭末端锥形，呈“丝状” …… 2
2. 第 2 ～ 5 腹节具成对腹肢；腹部第 1 ～ 5 节背板完整且钙化 …… 门螯寄居蟹科 Pylochelidae Spence Bate, 1888
– 第 4、第 5 腹节无成对腹肢；腹部背板多样，未完全钙化 …… 3
3. 第 3 颚足基部接近；螯足相等，近似相等或不相等时，左螯较大 …… 活额寄居蟹科 Diogenidae Ortmann, 1892
– 第 3 对颚足基部明显分开；螯足相等，近似相等或不相等时，右螯较大 …… 4
4. 第 1 对颚足具外鞭 …… 寄居蟹科 Paguridae Latreille, 1802
– 第 1 对颚足不具外鞭 …… 拟寄居蟹科 Parapaguridae Smith, 1882

石蟹总科 Lithodoidea 分科检索表

额角发达，刺状或截形，超过眼柄末端；第 3 ～ 5 腹节钙化，部分属的腹节中部会形成膜状区域，其上布满瘤节或小刺 …… 石蟹科 Lithodidae Samouelle, 1819
– 额角宽短，一般不超过眼柄末端；第 3 ～ 5 腹节钙化程度很低，呈囊膜状结构，其上会覆盖有小的节板 …… 软腹蟹科 Hapalogastridae J.F. Brandt, 1850

柱螯虾总科 Chirostyloidea 分科检索表

1. 眼完全退化；大颚切缘几丁质化；第三胸板（胸部腹甲）前缘显著向前突出成尖锐的角 ……

………………………………………………基瓦虾科 Kiwaidae Macpherson, Jones & Segonzac, 2005

– 眼正常发育；大颚切缘钙化；第三胸板前缘不显著向前突出，横向地弯曲延伸或成不规则的钝角 …… 2

2. 头胸甲表面无横向的褶纹；无眼上刺；第 2 腹甲前侧缘无刺；第 1 颚足无上肢；雄性有第 1 腹肢 ……
………………………………………………………………………柱螯虾科 Chirostylidae Ortmann, 1892

– 头胸甲表面具横向的褶纹；具有眼上刺；第 2 腹甲前侧缘具壮刺；第 1 颚足具上肢；雄性无第 1 腹肢
………………………………………………真刺虾科 Eumunididae A. Milne Edwards & Bouvier, 1900

铠甲虾总科 Galatheoidea 分科检索表

1. 第 3 颚足呈盖状，无上肢，长节和座节通常较宽；第二触角柄指向侧方或后方 ……………………
……………………………………………………………………瓷蟹科 Porcellanidae Haworth, 1825

– 第 3 颚足呈肢状，具上肢，长节和座节较窄；第二触角柄指向前方或侧前方 ……………………… 2

2. 第 1 颚足无外鞭或外鞭严重退化 ………………………拟刺凯虾科 Munidopsidae Ortmann, 1898

– 第 1 颚足具发达的外鞭…………………………………………………………………………………… 3

3. 额呈三叶形或三刺状，通常包括狭长刺状的额角和 1 对眼上刺 ……………………………………
……………………………………………刺铠虾科 Munididae Ahyong, Baba, Macpherson & Poore, 2010

– 额宽，三角形……………………………………………………………铠甲虾科 Galatheidae Samouelle, 1819

短尾下目 Brachyura 分科检索表

1. 雌雄体的生殖孔位于底节（在第 5 胸足）…………………………………………………………… 2

– 雄体的生殖孔位于底节、底节与胸部腹甲交界处或胸部腹甲；雌体生殖孔位于胸部腹甲 ………… 9

2. 眼柄基节远长于末节；眼柄背面观分 2 节 ……………………蛛形蟹科 Latreilliidae Stimpson, 1858

– 眼柄基节远短于末节；眼柄背面观不分节 ……………………………………………………………… 3

3. 第 5 胸足（第 4 步足）亚螯状到螯状，或者严重退化只剩 3 个关节，斜插在头胸甲并指向上部…… 4

– 第 5 胸足结构正常或只是大小退化，但非亚螯状或螯状，非只剩 3 个关节，位于头胸甲侧面伸向侧方··
……… 8

4. 第 3 颚足的长节为明显的三角状 ………………………………………………………………………… 5

– 第 3 颚足的长节方形或近方形，不为三角状 …………………………………………………………… 6

5. 头胸甲六边形到卵圆形；眼窝明显。第 3 颚足的外肢无鞭毛 ……………………………………
………………………………………………………………圆关公蟹科 Cyclodorippidae Ortmann, 1892

– 头胸甲矩形到近方形；无眼窝。第 3 颚足的外肢具明显的鞭毛 ……………………………………
…………………………………………………………………丝足蟹科 Cymonomidae Bouvier, 1898

6. 头胸甲长矩形，背面光滑或者散布硬刚毛。仅第 5 胸足的指节和掌节呈亚螯状到螯状 ……………
……………………………………………………………………………人面蟹科 Homolidae De Haan, 1839

– 头胸甲长卵形、圆形或者六边形；背面通常具厚密的软毛。第 4 和第 5 胸足的指节和掌节亚螯状到螯状；生活状态下背负海绵等其他海洋生物 ……………………………………………………………… 7

7. 头胸甲圆形到六边形。腹部第 6 节和尾节之间插入了 1 小的片状结构。携带海绵、被囊动物或双壳类的外壳…………………………………………………………绵蟹科 Dromiidae De Haan, 1833

– 头胸甲长卵形。第 6 腹节和尾节间无片状结构。被认为背负海绵或类似生物 ………………………
………………………………………………………………人面绵蟹科 Homolodromiidae Alcock, 1899

8. 第 3 颚足的长节为明显的三角形。头胸甲长卵形。胸部腹甲很窄，第 5～7 节胸部腹甲极窄。螯的指节强烈弯曲。腹部第 6 节边缘和尾节间通常无插入小片。第 5 胸足退化，但仍能辨认为步足结构。通常穴居于软底质，不着生于其他生物 …………………………………… 蛙蟹科 Raninidae De Haan, 1839

– 第 3 颚足的长节方形，非明显的三角状。头胸甲卵圆形。胸部腹甲相对较宽。螯的指节弯曲不明显。第 6 腹节和尾节之间具插入的小的片状结构。第 5 胸足严重退化，呈现为一短小的附肢。非穴居，无着生于生物的记录……………………………………………… 贝绵蟹科 Dynomenidae Ortmann, 1892

9. 雄性的生殖孔明显位于底节。第 5 胸足的底节伸出生殖乳突 …………………………………… 10

– 雄性的生殖孔不位于底节 ……………………………………………………………………………… 57

10. 只有 4 对可见的胸足。第 5 胸足消失，成体中不可见 ………… 六足蟹科 Hexapodidae Miers, 1886

– 具 5 对胸足。成体中第 5 对胸足可见 ……………………………………………………………… 11

11. 第 3 颚足的长节为明显的三角状 ……………………………………………………………………… 12

– 第 3 颚足的长节方形到近方形，非明显的三角状 …………………………………………………… 19

12. 第 4 和第 5 胸足为螯状，斜插在头胸甲上，伸向上方 ……………………………………………… 13

– 第 4 和第 5 胸足正常，非螯状，位于头胸甲侧面 …………………………………………………… 14

13. 入鳃孔窄长。雄体腹部三角形。雄性生殖孔位于底节或者底节与胸部腹甲之间。第 4 和第 5 胸足的指节较长，和掌节形成明显的亚螯状结构 …………………… 关公蟹科 Dorippidae MacLeay, 1838

– 入鳃孔椭圆形或圆形。雄性腹部窄，两侧近平行。雄性生殖孔仅位于底节与胸部腹甲之间。第 4 和第 5 胸足的指节呈钩状 …………………………………………… 四额齿蟹科 Ethusidae Guinot, 1977

14. 入鳃口位于螯足基部。第 3 颚足打开后，口腔内两侧无沟 ………………………………………… 15

– 入鳃口位于额缘或眼窝下面，临近内口板，第 3 颚足打开后，可见口腔内两侧具有明显的深沟 …… 16

15. 雌体腹部各节不愈合，可自由活动，不与胸部腹甲形成育室。抱卵时，卵团从腹部两侧溢出 ……………………………………………………………………… 精干蟹科 Iphiculidae Alcock, 1896

– 雌体大部分腹节愈合，腹部和胸部腹甲一起形成育室。抱卵时，卵团不可见 ……………………………………………………………………………… 玉蟹科 Leucosiidae Samouelle, 1819

16. 两个入鳃口均位于额缘中部下面，不被任何口器分开 ………………………………………………… 17

– 入鳃口被第 3 颚足分开，彼此不相连 …………………………………… 奇净蟹科 Aethridae Dana, 1851

17. 第 3 颚足外肢有鞭 ……………………………………………………………………………………… 18

– 第 3 颚足外肢无鞭，头胸甲长大于宽，外眼窝齿尖锐 …………… 虎头蟹科 Orithyiidae Dana, 1852

18. 头胸甲侧缘或扩展为圆盾状结构。右螯（极少为左螯）具特化的切齿，另一个螯的指节长，钳状；步足的掌节和指节非桨状 ……………………………………… 馒头蟹科 Calappidae De Haan, 1833

– 头胸甲侧缘不形成圆盾状；两螯对称，指节无特化的切齿，步足的掌节和指节桨状 ……………………………………………………………………………… 黎明蟹科 Matutidae De Haan, 1835

19. 第 5 胸足与其他步足相比显著短小，类似为退化的残留 ……………………………………………… 20

– 第 5 胸足和其他步足近等长，若较小，则与第 4 胸足相比非严重退化，且功能相等 ……………… 22

20. 头胸甲近方形，光滑，背部或具横向脊；侧前缘完整。第 5 胸足多刚毛，呈羽毛状 ……………………………………………………………………………… 反羽蟹科 Retroplumidae Gill, 1894

– 头胸甲方形到卵圆形，背表面或有褶纹或具颗粒，不具横脊；侧前缘具齿和刺；第 5 胸足简单，呈

丝状，无刚毛……………………………………………………………………………………21

21. 两性第 1 和第 2 腹节较其他 4 节极短……………………………扁蟹科 Palicidae Bouvier, 1898

– 两性第 1 和第 2 腹节非明显短于其他 4 节…………刺缘蟹科 Crossotonotidae Moosa & Serène, 1981

22. 头胸甲横向卵圆形，宽大于长；侧前缘凸出。全部淡水生；卵大，直接发育为幼蟹；雌体短期育幼…………………………………………………………………………………………23

– 头胸甲横向卵圆形到近方形或长大于宽。全部海生。卵几乎总是发育成浮游的溞状幼体，极少为大眼幼体；雌体不常育幼……………………………………………………………………24

23. 大颚须具单叶。雄体腹部三角形……………………………………溪蟹科 Potamidae Ortmann, 1896

– 大颚须具 2 叶。雄性腹面明显为 T 形…………………………束腹蟹科 Parathelphusidae Alcock, 1910

24. 头胸甲梨形，通常长大于宽，有时近方形。头胸甲、螯足以及步足表面通常具钩状刚毛（有时很密）能够粘住底质碎屑用于伪装……………………………………………………………………25

– 头胸通常宽大于长。头胸甲、螯足和步足无钩状刚毛（若具刚毛，则刚毛简单或羽状）…………29

25. 第 2 触角基节宽，长最多为宽的 2 倍。具眼窝，由上眼窝檐、相邻刺和后眼窝刺或叶形成………………………………………………………………………………蜘蛛蟹科 Majidae Samouelle, 1819

– 第 2 触角基节细，最多长为宽的 2 倍。眼窝无或仅具窄的、不发达的上眼窝檐和小的后眼窝叶…………………………………………………………………………………………………26

26. 雄性腹部末端加宽，尾节近方形，深嵌入第六节中。雄性第一腹肢有纵沟，沟的两侧具丝状刚毛列……………………………………………………………………突眼蟹科 Oregoniidae Garth, 1958

– 雄性腹部末端不加宽，尾节近三角形，不嵌入第六节中。雄性第一腹肢变化很大………………27

27. 眼窝具窄的不甚发达的上眼窝檐，部分凸出于眼睛之上；具或不具小的后眼窝叶…………………………………………………………………………卧蜘蛛蟹科 Epialtidae MacLeay, 1838

– 无眼窝，眼睛裸露，但眼窝缘具几个小刺和后眼窝刺………………………………………………28

28. 雄体尾节和第 6 腹节愈合………………………………………拟尖头蟹科 Inachoididae Dana, 1851

– 雄体尾节和第 6 腹节不愈合……………………………………………尖头蟹科 Inachidae MacLeay, 1838

29. 第 1 触角窝近方形，长大于宽，触角纵向折叠或无………………………………………………30

– 第 1 触角窝宽大于长，触角横向或斜向折叠 ………………………………………………………33

30. 头胸甲钙化程度低，梨形、亚梨形、三角形、圆形或椭圆形；无眼窝………………………………………………………………………………膜壳蟹科 Hymenosomatidae MacLeay, 1838

– 头胸甲完全钙化，横向或纵向的卵圆形、六边形、圆形或者椭圆形；眼窝完全………………31

31. 第 2 触角鞭少毛或无毛…………………………………………黄道蟹科 Cancridae Latreille, 1802

– 第 2 触角鞭多刚毛……………………………………………………………………………………32

32. 第 2 触角很长，长于或等长于头胸甲的长度，多刚毛…………… 盔蟹科 Corystidae Samouelle, 1819

– 第 2 触角短，远短于头胸甲的长度，刚毛少……… 楯毛蟹科 Trichopeltariidae Tavares & Cleva, 2010

33. 头胸甲三角形或六边形；额角三角形、分叉状或刺状。螯足横切面三角形，通常很长…………34

– 头胸甲非上述；前缘通常截形或多齿。螯足横切通常卵圆形到圆形，通常不是很长…………35

34. 雄体腹甲沟内的锁突位于第 5 腹甲的后缘，为一个圆形的突起。雄体的腹部相对较短………………………………………………………………………………疣菱蟹科 Dairoididae Števčić, 2005

– 腹甲沟内的锁突位于第 5 腹甲的前缘，为一个钉状的突起。雄体的腹部较细长………………………

……………………………………………………………………菱蟹科 Parthenopidae MacLeay, 1838

35. 第 5 胸足指节扁平，桨状（仅有少数穴居于泥中的和与珊瑚共生的例外）……………………………36

– 第 5 胸足具正常的指节，非桨状 ……………………………………………………………………37

36. 头胸甲宽通常不显著大于长；第 1 对步足与螯足等长……………………………………………………

……………………………………………圆趾蟹科 Ovalipidae Spiridonov, Neretina & Schepetov, 2014

– 头胸甲宽通常显著大于长；螯足长于所有步足………………… 梭子蟹科 Portunidae Rafinesque, 1815

37. 步足的指节横切面 T 形…………………………………………………… 怪蟹科 Geryonidae Colosi, 1923

– 步足的指节横切面非 T 形，通常方形到卵圆形……………………………………………………………38

38. 雄体腹节（包括尾节）关节均可自由活动 ……………………………………………………………39

– 雄体腹节第 3 和第 4 或者第 3 ～ 5 节愈合，不可自由活动，即便腹节结构是可见的 ……………50

39. 头胸甲梯形，前后侧缘分界不明显，向后迅速收敛为很短的后缘；额缘很宽，眼睛位于头胸甲最宽处边缘 ………………………………………………………………………………………………40

– 头胸甲方形到卵圆形；额缘正常。眼睛非位于头胸甲边缘，前后侧缘分界清晰，头胸甲最宽处位于前后侧缘的交界处 ……………………………………………………………………………………41

40. 头胸甲为横向的卵圆形，近球形；背部强烈凸起，额缘从背面观几乎不可见。G2（雄性第二腹肢）显著长于 G1（雄性第一腹肢），末端呈环状。自由生活或栖息于死珊瑚洞穴中 ……………………

…………………………………………………………… 泪刺毛蟹科 Dacryopilumnidae Serène, 1984

– 头胸甲梯形，背面几扁平；额缘明显。G2 约为 G1 的一半长。专一共生在有虫黄藻的造礁鹿角珊瑚 ………………………………………………拟梯形蟹科 Tetraliidae Castro, Ng & Ahyong, 2004

41. G1 很细长，通常 S 形，末端不具大的刺或复杂折叠结构。G2 小于 G1 长度的 1/4，短而弯曲呈逗号状 ……………………………………………………………………………………………………42

– G1 其他形状。G2 为 G1 长度的 3/10 ～ 7/10 或略长于 G1 ……………………………………………44

42. 至少有一个螯足长而细，至少为头胸甲的 2 倍长；螯足末端勺状……………………………………

………………………………………………………… 长螯蟹科 Tanaochelidae P.K.L. Ng & Clark, 2000

– 螯足和头胸甲等长；螯足末端尖锐，非勺状…………………………………………………………… 43

43. 头胸甲通常密被柔毛。雄体腹部三角形，第 5 ～ 6 腹节和尾节梯形到三角形，G1 为 S 形 .………

……………………………………………………………………毛刺蟹科 Pilumnidae Samouelle, 1819

– 头胸甲表面通常光滑或刚毛稀疏。雄体腹部 T 形，第 5 ～ 6 腹节和尾节细长。G1 长，直或近直，末端或有凹槽 ……………………………………………………… 静蟹科 Galenidae Alcock, 1898

44. 雄体腹部 T 形，腹节窄。G1 中末端纤细，近乎直。G2 约为 G1 长度的 1/3 …………………………

…………………………………………………………………… 宽背蟹科 Euryplacidae Stimpson, 1871

– 雄体腹部三角状；腹节梯形到三角形。G1 较粗壮，直或稍弯曲。G2 比 G1 长或不短于 G1 的 1/4 ··

……45

45. G2 为 G1 长度的 3/10 ～ 5/10 ……………………………… 假团扇蟹科 Pseudoziidae Alcock, 1898

– G2 与 G1 等长或比它稍长 ……………………………………………………………………………46

46. 雄体腹部三角形，第 3 ～ 6 腹节的侧缘强烈向尾节聚拢。第 3 腹节宽度约为尾节的 2 倍…………

…………………………………………………………………… 长脚蟹科 Goneplacidae MacLeay, 1838

– 雄体腹部近矩形，第 3 ～ 6 腹节的侧缘缓慢向尾节聚拢。第 3 腹节约为尾节宽度的 2 倍 ………47

47. G1 伸至第 4 胸部腹甲的边缘……………………………… 哲扇蟹科 Menippidae Ortmann, 1893
– G1 伸至第 5 胸部腹甲的边缘……………………………………………………………………… 48
48. 头胸甲通常横卵圆形，额区相对较窄；表面通常光滑或具扁平颗粒，有时呈被侵蚀状；或者头胸甲方形且多刚毛，刚毛遮盖头胸甲边缘轮廓。大螯通常具明显的切齿…… 团扇蟹科 Oziidae Dana, 1851
– 头胸甲方形，额缘相对较宽；表面通常具颗粒或具刺，不具有浓密的刚毛，头胸甲边缘轮廓清晰不被刚毛遮盖。大螯通常具不明显的切齿或臼齿状的磨碎齿 ……………………………………… 49
49. 头胸甲光滑或有褶皱、无刺，侧缘可能具刺。螯足和步足不具明显的刺；大螯具明显的臼齿状的磨碎齿。G2 末节末端逐渐尖锐。生活于潮间带…………………… 酋蟹科 Eriphiidae MacLeay, 1838
– 头胸甲、螯足和步足背面和侧面具很多尖刺，大螯具不明显的切齿或磨齿。G2 末节突然变成尖细状。生活于潮下带至深水区 ………………… 深海蟹科 Hypothalassiidae Karasawa & Schweitzer, 2006
50. 雄体第 3 和第 4 腹节愈合 ……………………………………………………………………… 51
– 雄体第 3 ～ 5 腹节愈合，但缝合线可见 ……………………………………………………… 52
51. 头胸甲卵圆形，背部显著凸起；前侧缘完整，仅具 1 圆形侧齿。雄体腹部较宽。G2 很长，超过 G1 长度的 1.5 倍，末段环形 ……………………………………… 瓢蟹科 Carpiliidae Ortmann, 1893
– 头胸甲近方形或长方形，背部稍凸起至近扁平；前侧缘通常呈多齿状或多叶状。雄体腹部三角形。G2 和 G1 等长，末节和倒数第 2 节等长或稍短 ……… 杯蟹科 Mathildellidae Karasawa & Kato, 2003
52. 雄体的生殖突暴露或被遮盖在位于第 7 和第 8 胸部腹甲之间的钙化结构中 ………………… 53
– 雄体的生殖突不暴露或被遮盖于第 7 和第 8 胸部腹甲下面 ……………………………………… 54
53. 雄体生殖突暴露在第 7 和第 8 胸部腹甲之间，不被其他结构所遮盖。头胸甲宽约是长的 2 倍。雄体第 3 腹节的宽度约是头胸甲的 1/5 ………………………… 掘沙蟹科 Scalopidiidae Števčić, 2005
– 雄体的生殖突被第 7 和第 8 胸部腹甲之间的钙化结构所遮盖。头胸甲宽约等于长。雄体第 3 腹节宽度约是头胸甲的 3/10 ……………………………………… 宽甲蟹科 Chasmocarcinidae Serène, 1964
54. G2 细长，少于 G1 长度的 3/10 …………………………………… 扇蟹科 Xanthidae MacLeay, 1838
– G2 长为 G1 长度的 3/10。G1 一般粗壮 ………………………………………………………… 55
55. 头胸甲表面具大量蘑菇状结节，彼此边缘愈合；有些愈合的结节边缘具刚毛。G2 为 G1 长度的 1.5 倍。自由生活 ……………………………………… 疣扇蟹科 Dairidae P.K.L. Ng & Rodríguez, 1986
– 头胸甲表面光滑，具褶纹或具小颗粒或小刺，不形成大的结节，几乎光滑无毛。G2 为 G1 长度的一半到等长。生活于造礁石珊瑚的枝杈中 ……………………………………………………………… 56
56. 头胸甲圆形，背表面具小的颗粒和刺；前侧区域具大量成列的刺和小颗粒。螯足掌节具明显的圆钝或尖锐的瘤突；长节短，前缘具 1 行齿………………………… 圆顶蟹科 Domeciidae Ortmann, 1893
– 头胸甲梯形或横卵圆形，背表面光滑或最多具弱的褶纹；前侧缘通常完整或具弱齿，无刺。螯足长节光滑，无瘤突；长节很长，沿前缘有 1 列明显的齿，延伸长度约为前缘长的 1/3 或更长 ……………………………………………………………………………… 梯形蟹科 Trapeziidae Miers, 1886
57. 头胸甲钙化程度很低。第 3 颚足的座节和长节愈合或分离。典型性地与软体动物、棘皮动物或珊瑚寄生或共生 ……………………………………………………………………………………… 58
– 头胸甲钙化；通常近方形或横卵圆形。第 3 颚足的座节和长节不愈合。自由生活………………… 59
58. 头胸甲梨形、亚梨形、三角形、圆形或近圆形；第 1 触角窝近方形或长大于宽，触角纵向或近似纵向折叠。雌体和雄体寄生于造礁石珊瑚中，形成虫瘿…… 隐螯蟹科 Cryptochiridae Paulson, 1875

– 头胸甲横卵圆形、近方形或圆形，绝非梨形或亚梨形；第 1 触角窝宽大于长，触角横向或斜向折叠。成体自由生活，或寄生或共生于软体动物、各类蠕虫、棘皮动物或其他甲壳动物，不与造礁石珊瑚共生或寄生 ··豆蟹科 Pinnotheridae De Haan, 1833

59. 在第 3 颚足闭合后中间具菱形的空隙。当口器闭合时大颚通常可见 ·····································60

– 在第 3 颚足闭合后不具菱形的空隙，若有则很小。当口器闭合时大颚通常不可见 ····················62

60. 头胸甲明显的卵形；下眼窝脊直，无颗粒；颊区密被软毛。步足的指节具不可动的角质的壮刺 ···地蟹科 Gecarcinidae MacLeay, 1838

– 头胸甲近四边形或四边形；下眼窝脊具有小颗粒；颊区刚毛中等浓密或无。步足指节无刺或具有小的角质刺 ···61

61. 第 3 颚足的长节和座节无长有刚毛的斜脊。颊区少毛，刚毛非排成网格状 ···方蟹科 Grapsidae MacLeay, 1838

– 第 3 颚足的长节和座节具明显的带刚毛的斜脊。颊区具密毛，刚毛呈网格状排列 ···相手蟹科 Sesarmidae Dana, 1851

62. 额简单，三角形，较头胸甲宽度窄或极窄 ···63

– 额截形，多叶或多齿，相对较宽 ···67

63. 头胸甲背腹隆起，近圆球形；无眼窝；眼退化或相对较短 ···64

– 头胸甲背腹扁平、近方形；眼窝长；眼相对长 ··66

64. 螯足较粗壮，几近覆盖整个面部 ···和尚蟹科 Mictyridae Dana, 1851

– 螯足较小，不能覆盖整个面部 ···65

65. 头胸甲侧壁隆起；眼睛退化···短眼蟹科 Xenophthalmidae Stimpson, 1858

– 头胸甲侧壁正常；眼柄发达···毛带蟹科 Dotillidae Stimpson, 1858

66. 雄体螯足异形（如 *Uca* 属）或在两性中近等大（如 *Ocypode* 属）；螯足可动指在切缘具 1 行齿，中间或近中间不具明显的截形齿 ··································沙蟹科 Ocypodidae Rafinesque, 1815

– 螯足大小相等；螯足可动指在切缘的中间或近中间通常具明显的截形齿···大眼蟹科 Macrophthalmidae Dana, 1851

67. 雄体第 2 和第 3 腹节愈合，即便缝合线可见也不能自由活动。G1 弯曲强烈，形成 U 形 ··猴面蟹科 Camptandriidae Stimpson, 1858

– 雄体第 2 和第 3 腹节不愈合，可以自由活动。G1 直。水生到半陆栖生活·································68

68. 头胸甲明显的近圆形或方形，通常长大于宽；额缘具深的缺刻用以收缩第 1 触角。第 3 ～ 5 腹节或第 3 ～ 6 腹节愈合 ···斜纹蟹科 Plagusiidae Dana, 1851

– 头胸甲卵形或四边形，通常宽大于长；额缘不具深裂用以收缩第 1 触角。各腹节和尾节均不愈合·· ··69

69. 眼窝完全闭合。第 3 颚足闭合后无缝隙，在长节和座节上均具有细小的沟。栖息于潮下带的热液口 ·······························怪方蟹科 Xenograpsidae N. K. Ng, Davie, Schubart & P. K. L. Ng, 2007

– 眼窝具侧口。第 3 颚足闭合后具小缝隙，长节和座节各具明显的沟。栖息于潮间带和潮下带，成体多为淡水种 ···弓蟹科 Varunidae H. Milne Edwards, 1853

参考文献

陈惠莲，孙海宝．2002. 中国动物志：无脊椎动物 第三十卷 甲壳动物亚门 短尾次目 海洋低等蟹类．北京：科学出版社：597.

戴爱云，杨思谅，宋玉枝，等．1986. 中国海洋蟹类．北京：海洋出版社：674.

甘志彬，李新正．2014. 基于 16S rRNA 基因片段的长臂虾科 (Caridea: Palaemonoidea) 系统发育初步研究．海洋科学，38(7): 7-13.

甘志彬，王亚琴，李新正．2016. 玻璃虾总科系统分类学研究概况及我国玻璃虾总科研究展望．海洋科学，40(4): 156-161.

李新正，刘瑞玉，梁象秋，等．2007. 中国动物志：无脊椎动物 第四十四卷 甲壳动物亚门 十足目 长臂虾总科．北京：科学出版社：381.

刘瑞玉，王绍武．2000. 中国动物志：无脊椎动物 第二十一卷 甲壳动物亚门 软甲纲 糠虾目．北京：科学出版社：326.

刘瑞玉，任先秋．2007. 中国动物志：无脊椎动物 第四十二卷 甲壳动物亚门 蔓足下纲 围胸总目．北京：科学出版社：644.

任先秋．2005. 中国动物志：无脊椎动物 第四十一卷 甲壳动物亚门 端足目 钩虾亚目（一）．北京：科学出版社：588.

任先秋．2012. 中国动物志：无脊椎动物 第四十三卷 甲壳动物亚门 端足目 钩虾亚目（二）．北京：科学出版社：651.

杨思谅，陈惠莲，戴爱云．2012. 中国动物志：无脊椎动物 第四十九卷 甲壳动物亚门 十足目 梭子蟹科．北京：科学出版社：417.

Ahyong S T. 2010. The marine fauna of New Zealand: King crabs of New Zealand, Australia and the Ross Sea (Crustacea: Decapoda: Lithodidae). National Institute of Water and Atmospheric Research, 123:1-194.

Baba K, Macpherson E, Lin C W, et al. 2009. Crustacean Fauna of Taiwan: Squat Lobsters (Chirostylidae and Galatheidae). Keelung: Taiwan Ocean University Press: 311.

Bamber N. 1992. Some Pycnogonids from the South China Sea. Asian Marine Biology, 9:193-203.

Bamber R N. 2007. A holistic re-interpretation of the phylogeny of the Pycnogonida Latreille, 1810 (Arthropoda). Zootaxa, 1668(1): 295-312.

Barnard J L. 1991. The families and genera of marine gammaridean Amphipoda (except marine gammaroids) Part 2. Records of the Australian Museum, 13: 419-466.

Chace F A. 1992. On the classification of the Caridea (Decapoda). Crustaceana, 63: 70-80.

Chan B K K, Dreyer N, Gale A S, et al. 2021. The evolutionary diversity of barnacles, with an updated classification of fossil and living forms. Zoological Journal of the Linnean Society, zlaa160.

Chan T Y, Ng P K L, Ahyong S T, et al. 2009. Crustacean Fauna of Taiwan: Brachyuran Crabs, Volume I-Carcinology in Taiwan and Dromiacea, Raninoida, Cyclodorippoida. Keelung: Taiwan Ocean University Press: 198.

Child C A, Child C. 1979. Shallow-Water Pycnogonida of the Isthmus of Panama and The Coasts of Middle America. Washington: Smithsonian Institution Press: 86.

Dong D, Li X. 2015. Galatheid and *Chirostylid crustaceans* (Decapoda: Anomura) from cold seep environment in the northeastern South China Sea. Zootaxa, 4057(1): 91-105.

Gan Z B, Li X Z, Chan T Y, et al. 2015a. Phylogeny of Indo-West Pacific pontoniine shrimps (Crustacea: Decapoda: Caridea) based on multi-locus analysis. Journal of Zoological Systematics and Evolutionary Research, 53(4): 282-290.

Gan Z B, Li X Z, Kou Q, et al. 2015b. Systematic status of the caridean families Gnathophyllidae Dana and Hymenoceridae Ortmann (Crustacea: Decapoda): A further examination based on molecular and morphological data. Chinese Journal of Oceanology and Limnology, 33(1): 149-158.

Holthuis L B. 1955. The recent genera of the Caridean and Stenopodidean shrimps (Class Crustacea, Order Decapoda, Supersection Natantia) with keys for their determination. Zooligische Verhandelingen, Leiden, 26: 1-157.

Holthuis L B. 1993. The Recent Genera of the Caridean and Stenopodidean Shrimps (Crustacea, Decapoda) with An Appendix on the Order Amphionidacea. Leiden: National Natuurhistorisch Museum: 328.

Lowry J K, Myers A A. 2013. A phylogeny and classification of the Senticaudata subord. nov.(Crustacea: Amphipoda). Zootaxa, 3610(1): 1-80.

Lowry J K, Stoddart H E. 2012. The Pachynidae fam. nov. (Crustacea: Amphipoda: Lysianassoidea). Zootaxa, 3246(1): 1-69.

Manning R B. 1995. Stomatopod crustacea of vietnam: The legacy of raoul Serène. Crustacean Research, 4: 1-339.

Martin J W, Davis G E. 2001. An updated classification of the recent crustacean, Science Series 39. Los Angeles: National History Museum of the Los Angeles County: 124.

Myers A A, Lowry J K. 2003. A phylogeny and a new classification of the Corophiidea (Amphipoda). Journal of Crustacean

Biology, 23(2): 443-485.

Osawa M, Chan T Y. 2010. Porcellanidae (Porcelain crabs). *In*: Chan T-Y. Crustacean Fauna of Taiwan: Crab-like Anomurans (Hippoidea, Lithodoidea, Porcellanidae). Keelung: Taiwan Ocean University Press: 67-181.

Poore G C B. 2004. Marine Decapod Crustacea of Southern Australia, a Guide to Identification with Chapter on Stomatopoda by Shane Ahyong. Melbourne: CSIRO Publishing: 574.

Sakai T. 1976. Crabs of Japan and the Adjacent Seas. Tokyo: Kodansha Ltd: 773.

Wells J B J. 2007. An annotated checklist and keys to the species of copepoda harpacticoida (Crustacea). Zootaxa, 1568:1-872.

第十四章　苔藓动物门 Bryozoa

第一节　苔藓动物门概述

苔藓动物门 Bryozoa 动物被称为苔虫，因形似匍匐生活的苔藓植物而名，因肛门位于触手冠外，又名外肛动物 Ectoprocta。除单苔虫属 *Monobryozoon* 单体生活外，其他苔虫均由若干个虫组成群体，营固着生活。群体大致可分为直立型和被覆型两类。前者常以匍匐根或基板附于他物上，形状多样；后者虫室背壁部分或全部附于他物上，仅在平面空间发展，单层或多层平铺。个虫是苔虫的结构单元，大小一般只有 0.5 mm 左右。其外面包有角质、胶质或钙质的外骨骼，内部即为虫室。有些类群的个虫具多形现象，形态和功能不同的个虫执行不同功能，可分为具有摄食、消化功能的自个虫和失去摄食和消化功能的异个虫。虫体前部为触手冠，呈圆形或马蹄形，具中空的触手，数目可多达 100 余条。触手冠可经虫室口伸缩（与其他触手冠动物门不同），是苔虫的摄食器官，外伸时触手侧面纤毛带可产生由上至下的水流，由纤毛俘获流水中的食物颗粒运送至口。体壁在表皮和壁体腔膜之间常具肌肉束，或具环肌和纵肌组成的肌肉鞘。苔虫具 3 个体腔，其中，触手腔为中体腔的延伸，后体腔主要围绕在内脏处，中体腔和后体腔间的隔膜具孔。消化道 U 形，口位于触手冠内，肛门位于触手冠外。无专门的呼吸、循环和排泄系统，通过体表和触手冠进行气体交换，由体腔液和胃绪（funiculus）进行物质运输，代谢产生的氨经体表扩散排出。神经系统和感官趋于退化，中体腔靠近咽的背部具神经节并形成神经环。苔虫多雌雄同体。生殖细胞来自后体腔的体腔膜或胃绪，多体内受精。发育过程常包括自由游泳的幼虫，变态后的幼体称为初虫，初虫可通过无性出芽形成群体，无性生殖是苔藓动物生活史中不可缺少的环节。

苔藓动物全部水生，多数海产，少数生活于淡水。习见于潮间带至 200 m 深的海底，多数都固着生活。苔虫系典型的污损生物，对藻类和贝类养殖具有一定危害，也危害码头、船舶及其他海洋设施。本门动物 WoRMS 网站收录 6400 余种（表 1-2），化石记录达 15 000 种，分为被唇纲 Phylactolaemata、狭唇纲 Stenolaemata 和裸唇纲 Gymnolaemata 3 纲，其中被唇纲均为淡水生活。

第二节　中国近海苔藓动物门代表类群分类系统

中国近海常见苔藓动物门动物共包括 2 纲 3 目 11 科，其分类体系如下：

苔藓动物门 Bryozoa

　狭唇纲 Stenolaemata

　　环口目 Cyclostomatida

　　　克神苔虫科 Crisiidae Johnston, 1838

管孔苔虫科 Tubuliporidae Johnston, 1838

裸唇纲 Gymnolaemata

栉口目 Ctenostomatida

软苔虫科 Alcyonidiidae Johnston, 1838

袋胞苔虫科 Vesiculariidae Hincks, 1880

唇口目 Cheilostomatida

膜孔苔虫科 Membraniporidae Busk, 1852

胞苔虫科 Cellariidae Fleming, 1828

格苔虫科 Beaniidae Canu & Bassler, 1927

草苔虫科 Bugulidae Gray, 1848

环管苔虫科 Candidae d'Orbigny, 1851

血苔虫科 Watersiporidae Vigneaux, 1949

隐槽苔虫科 Cryptosulidae Vigneaux, 1949

参考文献

黄宗国，陈小银 . 2012. 苔藓动物门 Bryozoa. 见：黄宗国，林茂 . 中国海洋物种和图集（上卷）：中国海洋物种多样性 . 北京：海洋出版社 : 861-881.

刘锡兴，刘会莲 . 2008. 苔藓动物门 Bryozoa. 见：刘瑞玉 . 中国海洋生物名录 . 北京：科学出版社 : 812-840.

杨德渐，孙世春，等 . 1999. 海洋无脊椎动物学 . 青岛：中国海洋大学出版社 : 524.

杨德渐，王永良，等 . 1996. 中国北部海洋无脊椎动物 . 北京：高等教育出版社 : 538.

第十五章　腕足动物门 Brachiopoda

第一节　腕足动物门概述

腕足动物门 Brachiopoda 动物统称灯贝（lamp shell）。腕足动物形似豆芽或双壳软体动物。体外具两片壳，分别称为腹壳和背壳，腹壳大于背壳。背壳、腹壳靠肌肉相连（无铰类）或靠壳后部的铰合装置铰合（有铰类）。壳由紧贴两壳内面的外套膜分泌而成，其开闭常由闭壳肌及与其相连的其他肌肉控制。外套膜由身体背面、腹面前部的皮肤突出形成，其与身体之间的空腔为外套腔。外套腔由横膜分成前、后两部分，前部有螺旋状的触手冠，后部是包围内部器官的内脏囊。多数腕足动物皆具长短不一的肉质柄。柄为腹后部体壁延伸的圆柱状结构，由壳上的孔伸出，用于附着在其他物体上或插入泥沙锚定身体。具前、中、后三部真体腔，触手冠腔为中体腔，内脏位于后体腔中，无铰类的前体腔与中体腔混合，有铰类的前体腔无腔隙。触手冠为中空的触手围绕而成的冠状物，触手冠前伸成 2 个简单或 U 形的腕。消化道 U 形，口位于两腕基部之间，具肛门的种类肛门开口于体右侧。通过触手冠过滤浮游藻类或有机碎屑为食。循环系统为开管式，心脏小，位于胃部背上方。无专门的呼吸器官。具后肾 1 ～ 2 对，肾内口开口于后体腔。神经系统退化，具围咽神经环及位于咽背、腹侧的神经节。多雌雄异体，生殖腺来自后体腔的体腔膜。生殖细胞经肾孔排出，多体外受精。辐射卵裂，肠体腔法形成中胚层和体腔，口次生。胚后间接发育，具浮游幼虫。

腕足动物全部海生、底栖，多见于 0 ～ 200 m 深的浅海底。已知现生种近 400 种（表 1-2），化石记录约 12 000 种。目前分为 3 亚门（舌形贝亚门 Linguliformea、小嘴贝亚门 Rhynchonelliformea、骷髅贝亚门 Craniiformea）8 纲，现生种隶属海豆芽纲 Lingulata、小吻贝纲 Rhynchonellata 和骷髅贝纲 Craniata。

第二节　中国近海腕足动物门代表类群分类系统

中国近海常见腕足动物门动物共包括 2 纲 2 目 3 科，其分类体系如下：

腕足动物门 Brachiopoda
- 海豆芽纲 Lingulata
  - 海豆芽目 Lingulida
    - 海豆芽科 Lingulidae Menke, 1828
    - 盘壳贝科 Discinidae Gray, 1840
- 小吻贝纲 Rhynchonellata
  - 钻孔贝目 Terebratulida
    - 贯壳贝科 Terebrataliidae Richardson, 1975

参考文献

刘会莲，刘锡兴. 2008. 腕足动物门 Brachiopoda. 见：刘瑞玉. 中国海洋生物名录. 北京：科学出版社：840-841.

杨德渐，孙世春，等. 1999. 海洋无脊椎动物学. 青岛：中国海洋大学出版社：524.

杨德渐，王永良，等. 1996. 中国北部海洋无脊椎动物. 北京：高等教育出版社：538.

Emig C C. 1982. Taxonomie du genre *Lingula* (Brachiopodes, Inarticulés). Bulletin du Museum National d'Histoire Naturelle. Section A. Zoologie, Biologie et Ecologie Animales, 43: 337-367.

第十六章　帚形动物门 Phoronida

第一节　帚形动物门概述

帚形动物门 Phoronida 一般为单体，成丛生活。体长几毫米至 300 mm 不等。身体呈蠕虫状，长圆柱形，由退缩的前体部（口前叶、口上突）、支撑触手冠的中体部（触手冠马蹄状或螺旋形）和大而长的后体部（躯干部）组成，后体部后端为稍膨大的球状。体壁由角质膜、表皮、基膜、环肌、纵肌和壁体腔膜组成。具真体腔，被隔膜分为前、中、后 3 个腔室，分别位于前、中、后 3 个体区内。消化道 U 形，口和肛门靠近，肛门开口于触手冠外。闭管式循环系统，主要由两条纵走的血管和走向触手冠内的环状血管构成。排泄系统为 1 对后肾，位于后体腔中，肾管兼生殖管的功能。多雌雄异体，间接发育者常经辐轮幼虫期（actinotroch larva）。

全部海生，生活于其自身分泌的几丁质管中，常埋于浅海泥沙中管栖生活，也在岩石、贝壳或其他物体中营钻孔生活。有些聚集成群，虫管相互附着缠绕在一起。本门动物幼虫发现 20 余种形态型，但成虫只发现 10 余种（表 1-2），隶属 1 科。

第二节　中国近海帚形动物门代表类群分类系统

中国近海常见帚形动物门动物包括 1 纲 1 科，其分类体系如下：

帚形动物门 Phoronida

　帚虫纲 Phoronidea

　　帚虫科 Phoronidae Hatschek, 1880

参考文献

杨德渐，王永良，等 . 1996. 中国北部海洋无脊椎动物 . 北京：高等教育出版社：538.

张士璀，何建国，孙世春 . 2007. 海洋生物学 . 青岛：中国海洋大学出版社：410.

第十七章　棘皮动物门 Echinodermata

第一节　棘皮动物门概述

棘皮动物门 Echinodermata 属无脊椎动物中的一类后口动物（deuterostomia），在无脊椎动物进化史中占据非常重要的地位。棘皮动物是一个古老的类群，全部海产，几乎全部营底栖生活，WoRMS 网站共记录现存种 7500 种（表 1-2），化石种类接近 13 000 种（Pawson，2007）。根据动物的体形、有无柄和腕、步带沟开放或封闭，以及管足的排列等分为 3 个亚门 5 个纲，即海百合亚门 Crinozoa 的海百合纲 Crinoidea，星形亚门 Asterozoa 的海星纲 Asteroidea 和蛇尾纲 Ophiuroidea，有棘亚门 Echinozoa 的海胆纲 Echinoidea 和海参纲 Holothuroidea。

不同类群的棘皮动物外形差别较大，海星和蛇尾的辐部常延伸为自由活动的腕，使身体呈星状；海参的辐部和间辐部密切结合呈蠕虫状，前端有口，后端有肛门；海胆的辐部和间辐部也密切结合，呈半球形、心形或盘状；海百合的口面翻转向上，腕常分枝，反口面具长柄或卷枝供附着之用。但根据解剖学和系统发育学的研究，它们有着相同的基本特征：成体多为辐射对称（幼体两侧对称）；体内有与消化道分离的真体腔；体壁有来源于中胚层的内骨骼，向外突出形成棘刺；具特殊的水管系统；口从胚孔的相对端发生，属后口动物。

国内外对棘皮动物的分类和生态学都已开展了一定的研究。海百合纲外形极像植物，体色鲜艳，是一类很古老的类群，在古代很繁盛，化石种类超过 6000 种。现生海百合仅 650 种，分为两种类型：一类终生营固着生活，为柄海百合类（stalked crinoids）；另一类成体无柄，营自由或暂时性固着生活，为海羊齿类（comatulids）或羽星类（feather-stars）。柄海百合类多分布在水深 200 ～ 6000 m 的深海中，其中深海固着性的海百合具有发达的茎状结构，某些种类其茎可长达 60 cm，海羊齿类一般出现在水深较浅的沿岸海域。我国现生海百合研究较少，大部分来自于西沙群岛和台湾等热带海域。

海星纲是棘皮动物门仅次于蛇尾纲的第二大类群。目前，全球海域海星纲包含 36 科 370 属约 1900 种。在海星纲的分类学研究过程中，Sladen、Fisher、Goto 和 Clark 等分类学家做出了巨大贡献，最早的研究起始于 Sladen 对挑战者号在世界范围内采集的海星标本进行的系统研究，重新评估了海星纲的分类性状。目前国际上海星纲分类研究的热点主要集中在极端环境下的多样性研究，隐存种的发现和近似种的区分，以及高级阶元的系统划分等方面。有棘目 Spinulosida 和帆海星目 Velatida 的系统演化位置一直未得到解决，柱体目 Paxillosida 在海星纲系统进化中的位置也是海星纲系统发育学研究的争论焦点之一。

蛇尾纲是棘皮动物门中种数最多的一个纲，现存约 2000 种，它们个体较小，但在海底数量很多。Norman（1865）首创蛇尾类纲，并命名为 Ophiuroidea。作为不同于海星纲

的一类棘皮动物，蛇尾纲分类的重要成果最早出现于 Lyman（1882）的挑战者号考察报告。蛇尾纲动物和其他游走棘皮动物相比，外形变化很小，除少数腕分枝的蔓蛇尾外，它们都有一个小而扁平的盘部，轮廓多为圆形或五角形。腕细、平滑或呈棘状，且和盘的界线明显。

海胆纲现有 800 种左右，很容易将它们区别为两类，即常见的正形海胆和歪形海胆。从潮间带至 5000 m 深海区域，均有海胆的分布，且部分种类聚集生存。海胆分类研究早期取得的最著名的成果当属 Mortensen（1928 ～ 1951 年）的《海胆专论》（*A Monograph of the Echinoidea*）系列巨著，包括 15 卷，记录了所有发表过的现生种和化石种。目前，Andrew B. Smith 等利用形态分类和分子生物学等方法，描述了全球海胆的各个阶元的分类特征、检索体系等内容。海胆具有重要的经济价值，很多大型正形海胆的生殖腺可供食用，营养价值很高，并含有一些具有医疗保健作用的生理活性物质。

海参纲是棘皮动物门中经济意义最大的一个纲，全世界现存约 1400 种，主要分布在印度 - 西太平洋区域。海参的触手可分为楯状、指状、枝状和羽状，触手形状是海参分目的重要依据。海参内骨骼不发达，形成微小的骨片，埋没在体壁之内，形状大小常因种类而异，并且十分稳定，故是海参分类上最重要的依据。近 20 年来，国内外学者对海参多糖的药效进行了广泛而深入的研究，概括起来，海参多糖主要有抑制肿瘤生长、提高机体细胞免疫力、抗凝血、抑制栓塞形成等作用，可用于辅助治疗某些疾病。

我国棘皮动物形态分类学研究开始于 20 世纪 30 年代，而后在 50 年代进行了各海区棘皮动物全面而深入的生物多样性和生态调查工作。张凤瀛教授首先对中国黄海的棘皮动物进行了分类学研究，半个多世纪以来，中国海域棘皮动物的分类学研究受到国内学者广泛的关注，发表了许多调查报告、研究论文和专著，主要包括两本动物志（《中国动物志：无脊椎动物棘皮动物门海参纲》，1997；《中国动物志：无脊椎动物 棘皮动物门 蛇尾纲》，2004）和一部外文专著 *The Echinoderms of Southern China*。中国海域棘皮动物种类丰富，迄今已记录了 591 种，如再将未发表的种类计入，估计总数可达 700 多种，超过全球目前总种数的 1/10，其中海百合纲共计 3 目 13 科 27 属 44 种，约占棘皮类总种数的 7.4%；海星纲 5 目 18 科 55 属 86 种，占总种数的 14.6%；蛇尾纲种类非常丰富，共有 2 目 15 科 89 属 221 种，占总种数的 37.4%；海胆纲 8 目 26 科 62 属 93 种，占总种数的 15.7%；海参纲 6 目 15 科 58 属 147 种，占总种数的 24.9%。

第二节　中国近海棘皮动物门分类系统

中国近海棘皮动物门动物共包括 5 纲 20 目 72 科，其分类体系如下：

棘皮动物门 Echinodermata

海百合纲 Crinoidea

等节海百合目 Isocrinida

等节海百合科 Isocrinidae Gislén, 1924

栉羽枝目 Comatulida
栉羽枝科 Comasteridae AH Clark, 1908
五腕羽枝科 Eudiocrinidae AH Clark, 1907
节羽枝科 Zygometridae AH Clark, 1908
短羽枝科 Colobometridae AH Clark, 1909
脊羽枝科 Tropiometridae AH Clark, 1908
花羽枝科 Calometridae AH Clark, 1911
星羽枝科 Asterometridae Gislén, 1924
海羽枝科 Thalassometridae AH Clark, 1908
海羊齿科 Antedonidae Norman, 1865
玛丽羽枝科 Mariametridae AH Clark, 1909
美羽枝科 Himerometridae AH Clark, 1907
海星纲 Asteroidea
柱体目 Paxillosida
砂海星科 Luidiidae Sladen, 1889
槭海星科 Astropectinidae Gray, 1840
瓣棘目 Valvatida
球海星科 Sphaerasteridae Schöndorf, 1906
棒棘海星科 Mithrodiidae Viguier, 1878
长棘海星科 Acanthasteridae Sladen, 1889
飞白枫海星科 Archasteridae Viguier, 1879
蛇海星科 Ophidiasteridae Verrill, 1870
海燕科 Asterinidae Gray, 1840
星盘海星科 Asterodiscididae Rowe, 1977
锯腕海星科 Asteropseidae Hotchkiss & Clark, 1976
角海星科 Goniasteridae Forbes, 1841
瘤海星科 Oreasteridae Fisher, 1908
钳棘目 Forcipulatida
正海星科 Zoroasteridae Sladen, 1889
海盘车科 Asteriidae Gray, 1840
帆海星目 Velatida
翅海星科 Pterasteridae Perrier, 1875
有棘目 Spinulosida
棘海星科 EchinasteridaeVerrill, 1867
蛇尾纲 Ophiuroidea
蔓蛇尾目 Euryalida
蔓蛇尾科 Euryalidae Gray, 1840

筐蛇尾科 Gorgonocephalidae Ljungman, 1867
衣笠蔓蛇尾科 Asteronychidae Ljungman, 1867
星蛇尾科 Asteroschematidae Verrill, 1899
真蛇尾目 Ophiurida
棘蛇尾科 Ophiacanthidae Ljungman, 1867
半蔓蛇尾科 Hemieuryalidae Verrill, 1899
刺蛇尾科 Ophiotrichidae Ljungman, 1867
阳遂足科 Amphiuridae Ljungman, 1867
辐蛇尾科 Ophiactidae Matsumoto, 1915
蜓蛇尾科 Ophionereididae Ljungman, 1867
栉蛇尾科 Ophiocomidae Ljungman, 1867
鳞蛇尾科 Ophiolepididae Ljungman, 1867
真蛇尾科 Ophiuridae Müller & Troschel, 1840
苍蛇尾科 Ophioleucidae Matsumoto, 1915
皮蛇尾科 Ophiodermatidae Ljungman, 1867
海胆纲 Echinoidea
柔海胆目 Echinothurioida
柔海胆科 Echinothuriidae Thomson, 1872
头帕目 Cidaroida
头帕科 Cidaridae Gray, 1825
管齿目 Aulodonta
冠海胆科 Diadematidae Gray, 1855
平海胆科 Pedinidae Pomel, 1883
拱齿目 Camarodonta
长海胆科 Echinometridae Gray, 1855
偏海胆科 Parasaleniidae Mortensen, 1903
刻肋海胆科 Temnopleuridae A. Agassiz, 1872
毒棘海胆科 Toxopneustidae Troschel, 1872
盾形目 Clypeasteroida
盾海胆科 Clypeasteridae L. Agassiz, 1835
豆海胆科 Fibulariidae Gray, 1855
饼干海胆科 Laganidae Desor, 1857
猥团目 Spatangoida
裂星海胆科 Schizasteridae Lambert, 1905
拉文海胆科 Loveniidae Lambert, 1905
壶海胆科 Brissidae Gray, 1855
猥团海胆科 Spatangidae Gray, 1825

海参纲 Holothuroidea
　枝手目 Dendrochirotida
　　高球参科 Ypsilothuriidae Heding, 1942
　　华纳参科 Vaneyellidae Pawson & Fell, 1965
　　瓜参科 Cucumariidae Ludwig, 1894
　　硬瓜参科 Sclerodactylidae Panning, 1949
　　板海参科 Placothuriidae Pawson & Fell, 1965
　　沙鸡子科 Phyllophoridae Östergren, 1907
　楯手目 Aspidochirotida
　　海参科 Holothuriidae Burmeister, 1837
　　刺参科 Stichopodidae Haeckel, 1896
　平足目 Elasipodida
　　幽灵参科 Deimatidae Théel, 1882
　　蝶参科 Psychropotidae Théel, 1882
　芋参目 Molpadida
　　芋参科 Molpadiidae J. Müller, 1850
　　尻参科 Caudinidae Heding, 1931
　无足目 Apodida
　　锚参科 Synaptidae Burmeister, 1837
　　指参科 Chiridotidae Östergren, 1898

第三节　中国近海棘皮动物门分类检索表

一、海百合纲检索表

海百合纲 Crinoidea 分目检索表

1. 终生有柄，营固着生活……………………………………………………………等节海百合目 Isocrinida
2. 成体无柄，营自由生活………………………………………………………………栉羽枝目 Comatulida

等节海百合目 Isocrinida 分科检索表

现生种具相对较长的五角柱状的柄，大部分属单环类，腕常具很多分枝，羽枝相对较大………………
……………………………………………………………………等节海百合科 Isocrinidae Gislén, 1924

栉羽枝目 Comatulida 分科检索表

1. 口羽枝呈纤软的梳状结构，口分布在盘缘…………………………栉羽枝科 Comasteridae AH Clark, 1908
– 口羽枝逐渐变尖细，口分布在盘的中央…………………………………………………………………2
2. 5 条腕，第二块腕板不是分歧轴……………………………　五腕羽枝科 Eudiocrinidae AH Clark, 1907
– 10 条或大于 10 条腕……………………………………………………………………………………3

3. 原腕板的两块腕板之间由不动关节相连 ························ 节羽枝科 Zygometridae AH Clark, 1908
– 原腕板的两块腕板之间由合关节（synarthry）相连，常有些膨大··························· 4
4. 远端卷枝节背面形成一对结节或棘，分布在中线两侧 ······ 短羽枝科 Colobometridae AH Clark, 1909
– 远端卷枝节背面仅有中背棘或结节 ··· 5
5. 羽枝（常除第一羽枝）呈柱状且坚硬，边板和盖板有或没有扩大 ··························· 6
– 羽枝呈峭状且稍纤软（flexible），边板和盖板小且不明显··································· 9
6. 10 条腕，边板和盖板未扩大···························脊羽枝科 Tropiometridae AH Clark, 1908
– 成体腕数常大于 10 条，边板和盖板扩大，用放大镜即可看见 ································ 7
7. P1 弱而纤细，第一节和第二节特别扩大；P2 常弯曲，较长且坚硬 ·································
··· 花羽枝科 Calometridae AH Clark, 1911
– P1 不特别纤细，前几节无扩大；P2 有时较大但不特别明显 ···································· 8
8. 卷枝特别长，有时长度大于腕；P1 和 P2 相似，P1 短于 P2······星羽枝科 Asterometridae Gislén, 1924
– 卷枝长度小于腕；P1 比 P2 长和粗壮························ 海羽枝科 Thalassometridae AH Clark, 1908
9. 10 腕，第二次腕板的不动关节常在（9+10）腕板间；至少第 14 次腕板是宽且明显的楔状；近端羽枝的基部没有出现脊···海羊齿科 Antedonidae Norman, 1865
– 10 条或大于 10 条腕；不动关节位于第一个不规则位置之后；中部腕板短，通常近盘状；近端羽枝的基部有脊出现 ··10
10. 10 条腕以上，所有腕分枝均只由两块腕板组成 ············玛丽羽枝科 Mariametridae AH Clark, 1909
– 10 条腕；10 条腕以上且第二次腕板由 4 块腕板组成 ·······美羽枝科 Himerometridae AH Clark, 1907

二、海星纲检索表

海星纲 Asteroidea 分目检索表

1. 管足逐渐变细不具吸盘，反口面骨板小柱体状 ································柱体目 Paxillosida
– 管足末端具吸盘··· 2
2. 缘板较明显；叉棘常为瓣状，有时为棘状瓣 ···瓣棘目 Valvatida
– 缘板不明显；叉棘若存在常为棘状，有一基片 ·· 3
3. 具直形或交叉叉棘；管足常为 4 列 ···钳棘目 Forcipulatida
– 无叉棘；管足 2 列 ··· 4
4. 体盘区域很大；身体表面有厚膜覆盖在棘刺上 ·· 帆海星目 Velatida
– 体盘区域很小；身体表面具棘，无腹侧膜 ··有棘目 Spinulosida

柱体目 Paxillosida 分科检索表

上缘板小柱体状，与邻近的反口面小柱体类似；身体边缘由下缘板单独界定 ······························
·· 砂海星科 Luidiidae Sladen, 1889
– 上缘板不呈小柱体状，上缘板及下缘板明显且对称；身体边缘由上下缘板同时界定 ·····················
·· 槭海星科 Astropectinidae Gray, 1840

瓣棘目 Valvatida 分科检索表

1. 体呈半球形；上下缘板不明显；个体较小，直径小于 20 mm···

…………………………………………………………………… 球海星科 Sphaerasteridae Schöndorf, 1906
– 体不呈半球形，腕明显；上下缘板明显；个体较大，直径大于 100 mm …………………………… 2
2. 初级板较大且不规则，常有一大棘；上下缘板不连续且长有较大的棘 ………………………… 3
– 初级板类似；上下缘板连续且排列整齐 ……………………………………………………………… 4
3. 常为 5 腕，单个筛板………………………………………… 棒棘海星科 Mithrodiidae Viguier, 1878
– 腕常为 9 ～ 18 个，具多个筛板 ………………………………长棘海星科 Acanthasteridae Sladen, 1889
4. 体盘相对较小，间辐角呈棱角状，腕逐渐变细且横切面呈长方形；背板密布比较整齐和规则的小柱体，腕背中线的一行小柱体较大而显著 ………………………… 飞白枫海星科 Archasteridae Viguier, 1879
– 体呈星形或五角形，腕呈圆柱状 ……………………………………………………………………… 5
5. 体盘小，腕呈圆柱状且间辐角呈锐角形 ……………………… 蛇海星科 Ophidiasteridae Verrill, 1870
– 体盘大，体呈星形或五角星形，间辐角弧形 ………………………………………………………… 6
6. 反口面骨板较小，覆瓦状排列，板上有成簇的小棘或颗粒；缘板较小，不明显 ……………………
……………………………………………………………………………… 海燕科 Asterinidae Gray, 1840
– 反口面骨板稍重叠，有时排列成网状，很少被棘和厚膜覆盖；缘板较大 …………………………… 7
7. 缘板和其他板被密集的突起颗粒物覆盖 ……………………… 星盘海星科 Asterodiscididae Rowe, 1977
– 缘板和其他板有差异…………………………………………………………………………………… 8
8. 全体盖有厚皮肤…………………………………锯腕海星科 Asteropseidae Hotchkiss & Clark, 1976
– 全体厚皮肤较少………………………………………………………………………………………… 9
9. 反口面大多平坦；管足吸盘无骨针；皮鳃常单个存在 …………… 角海星科 Goniasteridae Forbes, 1841
– 体型大且厚胖；管足吸盘有骨针；皮鳃大量集合成皮鳃区 ……… 瘤海星科 Oreasteridae Fisher, 1908

钳棘目 Forcipulatida 分科检索表

反口面骨板大且相对较少，排列紧密，初级板和龙骨板显著；仅具直形叉棘 ……………………………
………………………………………………………………………… 正海星科 Zoroasteridae Sladen, 1889
– 反口面骨板小且数量多，呈不规则网状结构，初级板和龙骨板不显著；具交叉叉棘和直形叉棘 ……
………………………………………………………………………………… 海盘车科 Asteriidae Gray, 1840

三、蛇尾纲检索表

蛇尾纲 Ophiuroidea 分目检索表

腕只能做水平运动，椎骨关节由不同的突起和凹陷构成；盘大部分均盖有鳞片，少数盖软皮；腕棘不位于腹面；腕简单，不分枝 ……………………………………………………………… 真蛇尾目 Ophiurida
– 腕能做垂直运动，椎骨关节呈马鞍状；盘和腕盖厚皮或颗粒，没有明显的鳞片；腕棘位于腹面；腕简单或分枝………………………………………………………………………………… 蔓蛇尾目 Euryalida

蔓蛇尾目 Euryalida 分科检索表

1. 椎骨有腹沟，辐水管和辐神经不埋没于实体骨之内；远端腕节不细长 ……………………………… 2
– 椎骨腹沟关闭，辐水管和辐神经在椎骨之内；远端腕节细长；腕背面无钩状棘，但在腕远端，侧面腕棘改变为钩状，钩状棘有一具成行穿孔的薄片 …………………… 蔓蛇尾科 Euryalidae Gray, 1840

2. 腕背面具有钩状棘；钩状棘无穿孔规则的薄片；生殖腺限于盘部……………………………………………………筐蛇尾科 Gorgonocephalidae Ljungman, 1867
– 腕背面无钩状棘；腕远端的侧腕棘改变为钩状，但缺穿孔的薄片……………………………………3
3. 生殖腺仅限于盘部……………………………………衣笠蔓蛇尾科 Asteronychidae Ljungman, 1867
– 生殖腺延伸于腕的中部……………………………………星蛇尾科 Asteroschematidae Verrill, 1899

真蛇尾目 Ophiurida 分科检索表

1. 辐盾借简单关节面和生殖板相连，没有关节突起和凹陷……………………………………2
– 辐盾借关节突起和凹陷和生殖板相连……………………………………3
2. 盘和腕的构造纤细，盘上的鳞片或板及腕板都不粗壮；辐关节每边的生殖板和生殖鳞片不愈合在一起；椎骨不很钝，常分为两半，腕只能做水平弯曲……………棘蛇尾科 Ophiacanthidae Ljungman, 1867
– 盘和腕的构造粗钝，盘上的鳞片或板很粗钝；辐关节每边的生殖板和生殖鳞片愈合在一起；椎骨很钝，常完整，腕能做垂直弯曲……………………………………半蔓蛇尾科 Hemieuryalidae Verrill, 1899
3. 各个辐盾借一个关节凹陷和生殖板的一个突起相连……………………………………4
– 各个辐盾和生殖板各具 2 个突起和一个凹陷相连……………………………………6
4. 颚顶具成簇的齿棘；无口棘……………………………………刺蛇尾科 Ophiotrichidae Ljungman, 1867
– 颚顶无成簇的齿棘；有口棘……………………………………5
5. 颚顶有 1 对对称的齿下口棘（但仿阳遂足亚科无明显的齿下口棘，却有 1 对偏离齿的口棘，第二触手孔开口于表面）……………………………………阳遂足科 Amphiuridae Ljungman, 1867
– 颚顶有 1 个齿下口棘……………………………………辐蛇尾科 Ophiactidae Matsumoto, 1915
6. 盘盖有很小的鳞片；不盖颗粒，常有很大的附属背腕板；触手鳞片 1 个，大而圆……………………………………蜒蛇尾科 Ophionereididae Ljungman, 1867
– 与上不同……………………………………7
7. 齿棘很发达，在颚顶排列为垂直的丛状；腕棘大而明显……栉蛇尾科 Ophiocomidae Ljungman, 1867
– 齿棘缺；腕棘常很小，而且稍紧贴于腕侧……………………………………8
8. 盘盖鳞片或小板，不盖颗粒……………………………………9
– 盘鳞片上盖颗粒……………………………………10
9. 第二口触手孔完全开口于口裂之内……………………………………鳞蛇尾科 Ophiolepididae Ljungman, 1867
– 第二口触手孔几乎完全开口于口裂之外……………真蛇尾科 Ophiuridae Müller & Troschel, 1840
10. 脆弱的深水种；腕棘多，其长度相等于腕节……………………苍蛇尾科 Ophioleucidae Matsumoto, 1915
– 粗壮的浅水种；盘大；直径 15 mm 或者更大；腕棘短，稍紧贴于腕侧，长度约为腕节的 1/2 或者更小……………………………………皮蛇尾科 Ophiodermatidae Ljungman, 1867

四、海胆纲检索表

海胆纲 Echinoidea 分目检索表

1. 有齿器；围肛部在顶系内（正形亚纲 Regularia 或内环亚纲 Endocyclica）……………………………………2
– 齿器有或无；围肛部在顶系外（歪形亚纲 Irregularia 或外环亚纲 Exocyclica）……………………………5

2. 步带连续到口部，在口和壳缘之间有系列的骨板；壳板 20 纵列或多于 20 纵列 ························ 3
– 步带不连续到口部，在口和壳缘之间仅有单对的步带板 - 口板；壳板 20 纵列 ························ 4
3. 围口部仅有系列的步带板，无系列的间步带板；大棘不特别大，不具外皮层；有球棘；鳃有或无（古生代到现代）··························· 柔海胆目 Echinothurioida
– 围口部有系列的步带板和间步带板；大棘特别大，具外皮层；无球棘；鳃缺（古生代到现代）························· 头帕目 Cidaroida
4. 齿器的齿不具脊（中生代到现代）························ 管齿目 Aulodonta
– 齿器的齿具脊；齿器桡骨片在齿上方相接，颚孔封闭（中生代到现代）··········· 拱齿目 Camarodonta
5. 齿器很发达，且持续到成熟期；无叶鳃；口在中央（中生代到现代）············· 盾形目 Clypeasteroida
– 齿器缺，或仅在幼小期有齿器；叶鳃发达；口在中央或前方························ 猥团目 Spatangoida

管齿目 Aulodonta 分科检索表

大棘呈空心；疣常具锯齿；形大·························· 冠海胆科 Diadematidae Gray, 1855
– 大棘呈实心；疣不具锯齿；形小·························· 平海胆科 Pedinidae Pomel, 1883

拱齿目 Camarodonta 分科检索表

1. 疣常有锯齿；壳有明显雕刻状凹痕或缝合线具角孔 ·······刻肋海胆科 Temnopleuridae A. Agassiz, 1872
– 疣无锯齿；壳无雕刻状凹痕或角孔 ························ 2
2. 鳃裂深而明显；壳从上看呈圆形或圆的五角形 ················毒棘海胆科 Toxopneustidae Troschel, 1872
– 鳃裂浅而不明显························ 3
3. 壳显然呈椭圆形；围肛部仅具 4 板；球形叉棘无侧齿；个体小，壳直径不超过 30 mm························ 偏海胆科 Parasaleniidae Mortensen, 1903
– 壳呈圆形或稍呈椭圆形；围肛部具多数板；球形叉棘具侧齿；壳直径大于 40 mm························ 长海胆科 Echinometridae Gray, 1855

楯形目 Clypeasteroida 分科检索表

1. 瓣状区由初级板和半板交互排列构成；耳状骨（auricles）分离；反口面细棘具简单的锯齿，顶端不具整齐的冠部························ 盾海胆科 Clypeasteridae L. Agassiz, 1835
– 瓣状区完全由初级板构成；耳状骨愈合；反口面细棘顶端具整齐的冠部，或具腺囊···················· 2
2. 个体小，最长达 20 mm，一般不超过 10 mm，形状有些带卵圆形；瓣状区不发达；内骨骼简单或缺························ 豆海胆科 Fibulariidae Gray, 1855
– 个体大，通常长 30 ～ 50 mm，形状显然扁平，瓣状区很发达；内骨骼较复杂························ 饼干海胆科 Laganidae Desor, 1857

猥团目 Spatangoida 分科检索表

1. 具肛下带线························ 2
– 无肛下带线························ 裂星海胆科 Schizasteridae Lambert, 1905
2. 具内带线························ 拉文海胆科 Loveniidae Lambert, 1905
– 无内带线························ 3

3. 具周花纹带线…………………………………………………………………壶海胆科 Brissidae Gray, 1855
– 无周花纹带线………………………………………………………………猥团海胆科 Spatangidae Gray, 1825

五、海参纲检索表

海参纲 Holothuroidea 分目检索表

1. 管足和疣足很发达……………………………………………………………………………………2
– 管足和疣足缺，或仅在肛门有小疣足 ………………………………………………………………4
2. 触手遁形或叶状；无翻颈部和收缩肌 ………………………………………………………………3
– 触手枝形或指形；有翻颈部和收缩肌 ……………………………………………枝手目 Dendrochirotida
3. 有呼吸树；后肠的肠系膜附着在右腹间步带 ……………………………………楯手目 Aspidochirotida
– 无呼吸树；后肠的肠系膜附着在右背间步带 ……………………………………………平足目 Elasipodida
4. 体型短钝，常有尾部；有肛门疣、触手坛囊和呼吸树 ………………………………芋参目 Molpadiida
– 体型细长，呈蠕虫状；无肛门疣、触手坛囊和呼吸树 ………………………………无足目 Apodida

枝手目 Dendrochirotida 分科检索表

1. 触手指形；体壁硬，身体包围在一个由覆瓦状骨板构成的壳内 ………………………………………2
– 触手枝形；体壁软，或具大型鳞片形成的壳 ……………………………………………………………3
2. 体球形至“U”形；触手 8 ～ 10 个，其中有两个特别大；骨板大，并有棘状塔部………………………
…………………………………………………………………高球参科 Ypsilothuriidae Heding, 1942
– 体“U”形或纺锤形；触手 10 ～ 20 个；骨板有或无小塔部，或为一致的格状板 ………………………
………………………………………………………………华纳参科 Vaneyellidae Pawson & Fell, 1965
3. 石灰环简单，其辐板没有分叉后延部 ……………………………瓜参科 Cucumariidae Ludwig, 1894
– 石灰环复杂，其辐板有分叉后延部 ……………………………………………………………………4
4. 石灰环辐板分叉后延部不由许多像马赛克小板镶嵌而成 …… 硬瓜参科 Sclerodactylidae Panning, 1949
– 石灰环辐板分叉后延部由许多像马赛克小板镶嵌而成 …………………………………………………5
5. 身体包围在一个由覆瓦状骨板或鳞片构成的壳内 ………板海参科 Placothuriidae Pawson & Fell, 1965
– 身体柔软，不包围在覆瓦状骨板或鳞片构成的壳内 …………沙鸡子科 Phyllophoridae Östergren, 1907

楯手目 Aspidochirotida 分科检索表

生殖腺一束，位于肠系膜左侧；骨片常为桌形体和扣状体，有时有花纹样或分枝杆状体，但无 C 形体
………………………………………………………………海参科 Holothuriidae Burmeister, 1837
– 生殖腺两束，位于肠系膜两侧；骨片常为桌形体，无扣状体，但有 C 形体或分枝杆状体，或简单颗粒体……………………………………………………………刺参科 Stichopodidae Haeckel, 1896

平足目 Elasipodida 分科检索表

骨片包括穿孔板、匙形十字体或杆状体 ………………………………… 幽灵参科 Deimatidae Théel, 1882
– 若有骨片，则为原始十字体或其衍生体，有双分叉 ………………蝶参科 Psychropotidae Théel, 1882

芋参目 Molpadida 分科检索表

触手具 1 个端指和 1～3 对侧指；常有明显的尾部；骨片为三射桌形体或改变了的锚状体、纺锤形杆状体，或穿孔板；常有磷酸盐体 ………………………………………… 芋参科 Molpadiidae J. Müller, 1850
– 触手不具端指，但有 1 对或 2 对侧指；尾部常不明显；骨片为大型桌形体、十字形皿状体、穿孔板或不规则杆状体；磷酸盐体常缺 ………………………………………… 尻参科 Caudinidae Heding, 1931

无足目 Apodida 分科检索表

骨片包括锚和锚板；触手呈羽状或指状，从不呈楯形的指状 ……… 锚参科 Synaptidae Burmeister, 1837
– 骨片包括轮形体或杆状体，杆状体高度弯曲便形成西格马体；触手为楯形的指状 ……………………
………………………………………………………………………… 指参科 Chiridotidae Östergren, 1898

参 考 文 献

陈清潮 . 2003. 南沙群岛海区生物多样性名典 . 北京 : 科学出版社 : 220.

黎国珍 . 1989. 棘皮动物 . 南沙群岛及其邻近海区综合调查报告（一）, 下卷 . 北京 : 科学出版社 : 766-774.

黎国珍 . 1991. 南沙群岛海区棘皮动物的补充报告 . 见 : 中国科学院南沙综合科学考察队 . 南沙群岛及其邻近海区海洋生物研究文集 . 北京 : 海洋出版社 , 189-195.

廖玉麟 . 1975. 西沙群岛的棘皮动物 , I 海参纲 . 海洋科学集刊 , 10: 199-230.

廖玉麟 . 1978a. 西沙群岛的棘皮动物 , II 蛇尾纲 . 海洋科学集刊 , 12: 69-102.

廖玉麟 . 1978b. 西沙群岛的棘皮动物 , III 海胆纲 . 海洋科学集刊 , 12: 108-127.

廖玉麟 . 1979a. 黄海盾海胆一新属 . 海洋与湖沼 , 10: 67-72.

廖玉麟 . 1979b. 西沙群岛的棘皮动物 , V 海百合纲 . 海洋科学集刊 , 20: 263-269.

廖玉麟 . 1980. 西沙群岛的棘皮动物 , IV 海星纲 . 海洋科学集刊 , 17: 53-169.

廖玉麟 . 2008. 棘皮动物门 Echinodermata. 见 : 刘瑞玉 . 中国海洋生物名录 . 北京 : 科学出版社 : 845-878.

Arnone M I, Byrne M, Martinez P. 2015. Echinodermata. In: Wanninger A, ed. Evolutionary Developmental Biology of Invertebrates 6. Vienna: Springer: 1-58.

Conand C. 1998. Holothurians. In: Carpenter K E, Niem V H, ed. FAO Species Identification Guide for Fishery Purposes.The Living Marine Resources of the Western Central Pacific. Volume 2. Cephalopods, Crustaceans, Holothurians and Sharks. Rome: Food and Agriculture Organization of the United Nations: 1157-1190.

Liao YL, Clark A M. 1995. The Echinoderms of Southern China. Beijing: Science Press: 614.

Lyman T. 1882. Report on the Ophiuroidea dredged by HMS Challenger during the years 1873-1876. Report of the Scientific Results of the Voyage of H.M.S Challenger during 1873-1876. Zoology, 5: 1-386.

Mah C L, Blake D B. 2012. Global diversity and phylogeny of the Asteroidea (Echinodermata). PLoS one, 7(4): e35644.

Miller A K, Kerr A M, Paulay G, et al. 2017. Molecular phylogeny of extant Holothuroidea (Echinodermata). Molecular Phylogenetics and Evolution, 111: 110-131.

Mongiardino K N, Thompson J R. 2021. A total-evidence dated phylogeny of Echinoidea combining phylogenomic and paleontological data. Systematic Biology,70(3): 421-439.

Norman A M. 1865. XIII. —On the genera and species of British Echinodermata. Annals and Magazine of Natural History, 15(86): 98-129.

O'Hara T D, Hugall A F, Stöhr S, et al. 2018. Morphological diagnoses of higher taxa in Ophiuroidea (Echinodermata) in support of a new classification. European Journal of Taxonomy, 2018(416): 1-35.

Okanishi M. 2017. Ophiuroidea (Echinodermata): Systematics and Japanese Fauna. In: Motokawa M, Kajihara H, ed. Species Diversity of Animals in Japan. Tokyo:Springer: 651-678.

Pawson D L. 2007. *Narcissia ahearnae*, a new species of sea star from the Western Atlantic (Echinodermata: Asteroidea: Valvatida). Zootaxa, 1386: 53-58.

Pawson D L, Liao Y. 1992. Molpadiid sea cucumbers of China, with a description of five new species. Proceedings of the Biological

Society of Washington, 105(2): 373-388.

Wright D F, Ausich W I, Cole S R, et al. 2017. Phylogenetic taxonomy and classification of the Crinoidea (Echinodermata). Journal of Paleontology, 91(4): 829-846.

Yang P F. 1937. Report on the *Holothurians* from the Fukien Coast. Bulletin Marine Biological of Amoy China, 2: 1-46.

第十八章　半索动物门 Hemichordata

第一节　半索动物门概述

半索动物门 Hemichordata 的动物又称隐索动物 Adelochorda。单体或群体生活。相对常见的柱头虫身体呈圆柱形、蠕虫状，两侧对称，全长 10 ～ 50 cm。身体由吻、领、躯干 3 个体区组成。吻（前体区）短圆锥形，位于体前端，富肌肉。其背中线的基部具吻孔，海水可由此出入吻腔、调节液压以利于在泥沙中钻穴，吻后部以细柄与领相连。领（中体区）圆柱形围领状，表面常具环沟。躯干部（后体区）为虫体的主要部分，其背腹中线具脊，因环肌的收缩常呈环轮状。躯干部又可分为三区：鳃区或鳃生殖腺区，位于躯干前部，背面两侧具很多成对的鳃孔（外鳃裂），与咽背侧的 U 形内鳃裂相通；肝区，位于中部，背侧具许多肝盲囊；肝后区（腹区、尾区），柔软细长，肛门开口于后端背面。体壁自外及内由表皮、基膜、环肌层、纵肌层和体腔膜组成。体腔宽大，分为前、中、后三部。前体腔为吻腔，1 个，由吻孔与体外相通；中体腔为领腔，1 对，位于口腔两侧；后体腔称躯干腔，1 对，位于躯干体壁与肠之间，无对外开口。消化管又可分为口管、咽、食道和肠 4 个部分。口位于吻柄和领之间的腹面，肛门开口于躯干部的后端。口管位于领区，其背壁形成一短硬而中空的盲囊，突入吻腔。咽位于背侧，具成对的 U 形鳃裂，肠具肝盲囊。柱头虫以鳃和皮肤呼吸。在咽部的鳃裂和体表鳃孔之间具鳃囊。循环系统为开管式，主要包括背纵血管、腹纵血管、中央窦和心囊。排泄器官是位于吻腔中的脉球（也称血管球、吻腺），其排泄物可能进入吻腔，由吻孔排出体外。神经系统具背、腹神经索，无明显的脑。背神经索在领部中空。雌雄异体，生殖腺位于消化管两侧的生殖翼中。体外受精，辐射等全裂，内陷原肠，肠生体腔。胚后发育既有直接发育也有间接发育，间接发育者初孵个体为具纤毛的柱头幼虫。

半索动物全部海产，自潮间带至深海均有分布。绝大多数底栖、穴居生活。已知约 130 种现生种（表 1-2）。通常分为肠鳃纲 Enteropneusta 和笔石纲 Graptolithoidea 2 纲。

第二节　中国近海半索动物门代表类群分类系统

中国近海常见半索动物门动物共包括 1 纲 3 科，其分类体系如下：

半索动物门 Hemichordata

　肠鳃纲 Enteropneusta

　　玉钩虫科 Harrimaniidae Spengel, 1901

　　殖翼柱头虫科 Ptychoderidae Spengel, 1893

　　史氏柱头虫科 Spengelidae Willey, 1899

参考文献

徐凤山 . 2008. 半索动物门 Hemichordata. 见 : 刘瑞玉 . 中国海洋生物名录 . 北京 : 科学出版社 : 878.

杨德渐 , 王永良 , 等 . 1996. 中国北部海洋无脊椎动物 . 北京 : 高等教育出版社 : 538.

张士璀 , 何建国 , 孙世春 . 2007. 海洋生物学 . 青岛 : 中国海洋大学出版社 : 410.

An J, Li X. 2005. First record of the family Spengeliidae (Hemichordata: Enteropneusta) from Chinese waters, with description of a new species. Journal of Natural History, 39(22): 1995-2004.

Tchang S, Koo G. 1935. Two enteropneusts in Jiaozhou Bay. Publication of the Beijing Institute of Zoology, 13: 1-12.

第十九章　脊索动物门 Chordata

第一节　脊索动物门概述

脊索动物门 Chordata 是动物界后口动物的一个类群，因具脊索而名。脊索、背神经管、咽鳃裂和肛后尾是脊索动物区别于无脊椎动物的 4 大标志性特征。脊索是位于消化管的背面、神经管腹面的一条纵贯全身的具有弹性的圆柱状结构，由中胚层形成，有支持身体的作用。低等脊索动物终生具脊索，有些类群脊索仅见于幼体。高等脊索动物只在胚胎期出现脊索，成体时被脊椎代替。神经管呈管状，位于身体背中线脊索之上，与许多无脊椎动物位于消化管腹面的实心神经索不同。在高等脊椎动物，神经管分化为脑和脊髓。咽鳃裂是消化道咽部两侧形成的左右成对排列、数目不等、与外界相通的裂缝，是一种呼吸器官，外界的水由口入咽，经鳃裂排出，由此实现气体交换。咽鳃裂在低等脊索动物中终生存在，在高等类群则只见于胚胎和幼体时期，成体完全消失，代之以用肺呼吸。肛后尾是指脊索动物位于肛门后面的尾部，与无脊椎动物的肛门靠近身体最后端不同。脊索动物尾部含有骨骼和肌肉，在水生种类能够为其游泳提供主要动力。此外，脊索动物具有分节的肌肉、心脏位于消化道腹面、骨骼为含有细胞的内骨骼。

脊索动物门已知 7 万多种，现生的种类有 4 万多种（WoEMS 网站收录 24 000 余种，表 1-2），分 3 个亚门：被囊亚门 Tunicata（尾索动物门 Urochordata）、头索动物亚门 Cephalochordata 和脊椎动物亚门 Vertebrata。头索动物和尾索动物又合称原索动物 Protochordata。

一、被囊亚门

被囊亚门 Tunicata 因身体由“被囊”包被而名，又因脊索只存在于身体尾部，也称尾索动物 Urochordata。单体或群体营固着生活，少数种类浮游生活。体表具被囊，为体壁细胞分泌的被囊素（tunicin）所形成，其成分接近于植物的纤维素，被囊可使身体得到保护并维持一定的形状。海鞘是最常见的尾索动物，其外形犹如一把茶壶。壶口处为入水管孔；壶嘴处为出水管孔；壶底是身体的基部，用于附生在海中岩礁、贝壳、船底或海藻上行固着生活。从胚胎发育上看，出水管位于背面，因此，相对的一面便是腹面。消化道的前端是一个呈囊状的宽大的咽部，与入水管孔相通。咽壁开孔，形成对称的鳃裂。围绕咽部是围鳃腔，汇集穿鳃裂而出的水流，经出水管孔排到体外。入水管孔的下方，有一片筛状的缘膜，其作用是滤除粗大的食物，只容许水流和细小食物进入咽部。咽部内壁有纤毛；背壁和腹壁各有一沟状构造，分别称为背板（咽上沟）和内柱，能分泌黏液黏着食物。食物被黏成小颗粒后即随纤毛推动的水流进入胃和肠中。消化后的食物残渣，经出水管孔排出体外。海鞘神经系统不发达，只在入水管孔和出水管孔之间有一个神经节。循环系统也很简单，在胃的附近有一个称为心脏的结构，血液行开放式循环。体壁中有

肌肉，不发达。海鞘为雌雄同体，但卵子和精子并不同步成熟。海鞘幼虫形似蝌蚪，尾部发达，其中有一条典型的脊索，脊索背面有一条直达身体前端的神经管，咽部有成对的鳃裂。经历一个短期自由游泳生活时期后，以身体前端的吸附突起黏附到其他物体上，尾部随后逐渐萎缩直至消失，除留下一个神经节外，神经管和脊索亦消失。由于变态过程失去一些重要结构，形体简化，这种变态称为逆行变态。此外，有些被囊动物可行出芽生殖。

被囊动物全部海产，主要分布于温带和热带海洋。已知 2100 余种，分为三纲：尾海鞘纲 Appendicularia（幼形纲 Larvacea）、海鞘纲 Ascidiacea、樽海鞘纲 Thaliacea。其中，尾海鞘纲和樽海鞘纲一般浮游生活，海鞘纲种类的成体底栖固着生活。

二、头索动物亚门

头索动物亚门 Cephalochordata 为现存最原始的脊索动物，位于脊索动物系统树基部。因脊索纵贯全身并向前延伸到背神经管的前方，故名头索动物。头索动物的代表为文昌鱼 *Branchiostoma* spp.。身体呈长纺锤形，左右侧扁，两端稍尖，无头与躯干之分。前部 2/3 背面较狭窄，腹面较宽平，横断面略呈三角形，后部 1/3 横断面为侧扁椭圆形。皮肤由单层柱形细胞的表皮和冻胶状结缔组织的真皮构成，表皮外覆有一层带孔的角皮层。肌肉分节明显，肌节呈“≫”形，尖端指向身体前端，两侧肌节交错排列。身体背中线有背鳍，后端有尾鳍，腹侧尾鳍前方有臀前鳍，三者均不成对。体前端有眼点，为视觉器。文昌鱼的口位于身体前端腹面，周围有触须环绕。触须罩住口腔，可防止粗物流入口内。口腔背壁中央有一凹陷，称哈氏窝（Hatschek’s pit），可能和脊椎动物脑垂体同源。咽部约占消化管全长的 1/2，两侧有许多鳃裂。鳃裂外面是围鳃腔。腹面两侧的围鳃腔下垂形成腹褶。腹褶与臀前鳍交界处有一腹孔，也称围鳃腔孔；腹孔的后面，在尾鳍与臀前鳍交界偏左处有一肛门。消化道咽部腹面有一条纵沟，为咽下沟，也称为内柱。其沟壁有腺细胞和纤毛细胞，是一种被动摄取食物的结构。肠为一条直管，其前段约在全长 1/3 处腹面向左前方凸出形成一个盲管，称为肝盲囊，能分泌消化液。脊索纵贯全身，有一层坚韧的脊索鞘包围，是原始的中轴骨骼。脊索背面是稍短的神经管，神经管分化程度很低，仅前端略膨大，称为脑泡。循环系统属于封闭式，与脊椎动物血液循环方式基本相同，但没有心脏，只有能搏动的腹大动脉，位于鳃裂下方。血液无色，没有血细胞。排泄器官包括位于咽壁背方两侧的 90 ～ 100 对肾管，与无脊椎动物的原肾相似。肾管一端以具纤毛的肾孔开口于围鳃腔，另一端以一组特殊的有管细胞紧贴特殊的血管。文昌鱼雌雄异体，生殖腺平均 26 对，按体节排列在围鳃腔壁的两侧并向围鳃腔内突入。没有生殖导管，成熟的生殖细胞穿过生殖腺壁进入围鳃腔，随水流由围鳃腔孔排到体外，在海水中受精。在繁殖季节卵巢呈橘黄色，精巢呈白色。

头索动物广泛分布于热带和温带海域。通常身体钻到海底沙中，仅头露出来。头索动物现生仅 20 余种，隶属一纲，即狭心纲 Leptocardii（也称头索纲 Cephalochorda 或文昌鱼纲 Amphioxi）。

三、脊椎动物亚门

脊椎动物亚门 Vertebrata 是动物界中结构最复杂、进化地位最高的类群。形态结构彼此悬殊，生活方式千差万别。除具脊索动物的共同特征外，其他特征还有：体内出现了由许多脊椎骨连接而成的脊柱，代替了脊索（除无颌类、软骨鱼类和硬骨鱼类外，大多数种类的脊索只见于发育早期），成为支持身体的中轴和保护脊髓的器官。脊柱的出现不仅增加了身体的坚固性，而且随着进化，还分化成颈椎、胸椎、腰椎及尾椎等，增加了身体的灵活性。出现了明显的头部，中枢神经系统呈管状，前端扩大为脑，其后方分化出脊髓，同时头部还出现了嗅、视、听等感觉感官。原生水生动物用鳃呼吸，次生水生动物（鲸类等）和陆栖动物只在胚胎期出现鳃裂，成体则用肺呼吸。除无颌类外，都具备上颌、下颌。循环系统较完善，出现能收缩的心脏，促进了血液循环。构造复杂的肾脏代替简单的肾管，提高了排泄机能。除无颌类外，水生种类具偶鳍，陆生种类具成对的附肢，扩大了生存范围，也提高了捕食、求偶及避敌的能力。

脊椎动物亚门种类繁多，生活方式多样。已知约 66 000 种，目前分为无颌总纲 Agnatha 和有颌总纲 Gnathostomata。也有学者将其分为无颌总纲、有颌总纲（或鱼总纲 Pisces）和四足动物总纲 Tetrapoda。无颌总纲为一类无上下颌、无偶鳍的原始鱼形动物，包括头甲鱼纲 Cephalaspidomorphi、盲鳗纲 Myxini 和七鳃鳗纲 Petromyzonti，其中头甲纲全部灭绝，后两纲动物营寄生或半寄生生活。有颌总纲出现了上下颌和成对的附肢（偶鳍），包括板鳃纲（鲨纲）Elasmobranchii、全头纲 Holocephali、腕鳍纲 Cladistii、腔棘鱼纲 Coelacanthi、肺鱼纲 Dipneusti、辐鳍鱼纲 Actinopterygii、两栖纲 Amphibia、爬行纲 Reptilia、鸟纲 Aves 和哺乳纲 Mammalia 共 10 纲。其中，板鳃纲和全头纲统称软骨鱼类，腕鳍纲、腔棘鱼纲、肺鱼纲和辐鳍鱼纲也统称硬骨鱼类，海洋底栖脊椎动物主要由这些软骨鱼类和硬骨鱼类组成。

（一）板鳃纲 Elasmobranchii

内骨骼完全由软骨组成，常钙化，但无真骨组织；外骨骼不很发达或退化。体常被盾鳞。齿多样化。硬棘有时具有，但无膜骨存在。脑颅无缝。上颌由腭方软骨组成，下颌由米克耳氏软骨组成。鳃孔每侧 5 ～ 7 个，分别开口于体外；雄性的腹鳍里侧特化为鳍脚。肠短，具螺旋瓣；无鳔。无大型耳石。有泄殖腔。卵大，体内受精，卵生、卵胎生或胎生。

板鳃类是世界次要渔业之一。鲨皮可制革，魟皮含胶质很高，可提制胶片。肝脏含丰富的维生素 A，可制鱼肝油。深海角鲨肝脏中含鲨烯（squalene）、三十碳六烯，可提炼为优质化妆品原料，并可制滋补药。脊椎等软骨可制硫酸软骨素，人工合成皮肤，治疗烧伤。鲨的角膜可移植为人体角膜。鱼鳍加工成名肴“鱼翅”。

（二）辐鳍鱼纲 Actinopterygii

内骨骼或多或少骨化，具骨缝。头部常被膜骨；体被硬鳞或骨鳞，有些被骨板或裸出，鳃孔 1 对；鳔通常存在；鳍条分节，为起源于真皮的鳞质鳍条（lepidotrichia），大多数具

正型尾。前后半鳃间的鳃间隔退化。肠一般无螺旋瓣；心脏一般无动脉圆锥。无泄殖腔。上志留纪已出现，为现生鱼类中最繁茂的一大分支。

第二节　中国近海脊索动物门代表性底栖类群分类系统

中国近海常见脊索动物门动物共包括 3 亚门 4 纲 14 目 44 科，其分类体系如下：

脊索动物门 Chordata
- 被囊亚门 Tunicata
  - 海鞘纲 Ascidiacea
    - 简鳃目 Aplousobranchia
      - 星骨海鞘科 Didemnidae Giard, 1872
    - 扁鳃目 Phlebobranchia
      - 玻璃海鞘科 Cionidae Lahille, 1887
      - 海鞘科 Ascidiidae Herdman, 1882
    - 复鳃目 Stolidobranchia
      - 柄海鞘科 Styelidae Sluiter, 1895
      - 皮海鞘科 Molgulidae Lacaze-Duthiers, 1877
- 头索动物亚门 Cephalochordata
  - 狭心纲 Leptocardii
      - 文昌鱼科 Branchiostomatidae Bonaparte, 1846
- 脊椎动物亚门 Vertebrata
  - 板鳃纲 Elasmobranchii
    - 电鳐目 Torpediniformes
      - 双鳍电鳐科 Narcinidae Gill, 1862
      - 单鳍电鳐科 Narkidae Fowler, 1934
    - 鳐形目 Rajiformes
      - 鳐科 Rajidae de Blainville, 1816
      - 犁头鳐科 Rhinobatidae Bonaparte, 1835
    - 鲼目 Myliobatiformes
      - 魟科 Dasyatidae Jordan & Gilbert, 1879
      - 天鳐科 Hexatrygonidae Heemstra & Smith, 1980
      - 燕魟科 Gymnuridae Fowler, 1934
      - 扁魟科 Urolophidae Müller & Henle, 1841
  - 辐鳍鱼纲 Actinopterygii
    - 鳗鲡目 Anguilliformes

海鳝科 Muraenidae Rafinesque, 1815
蛇鳗科 Ophichthyidae Günther, 1870
鼬鳚目 Ophidiiformes
鼬鳚科 Ophidiidae Rafinesque, 1810
鳕形目 Gadiformes
深海鳕科 Moridae Moreau, 1881
长尾鳕科 Macrouridae Bonaparte, 1831
鮟鱇目 Lophiiformes
鮟鱇科 Lophiidae Rafinesque, 1810
躄鱼科 Antennariidae Jarocki, 1822
蝙蝠鱼科 Ogcocephalidae Gill, 1893
鲉形目 Scorpaeniformes
绒皮鲉科 Aploactinidae Jordan & Starks, 1904
鲉科 Sebastidae Kaup, 1873
毒鲉科 Synanceiidae Gill, 1904
六线鱼科 Hexagrammidae Jordan, 1888
鲂鮄科 Triglidae Rafinesque, 1815
杜父鱼科 Cottidae Bonaparte, 1831
绒杜父鱼科 Hemitripteridae Gill, 1865
鲬科 Platycephalidae Swainson, 1839
海龙目 Syngnathiformes
海龙科 Syngnathidae Bonaparte, 1831
鲈形目 Perciformes
线鳚科 Stichaeidae Gill, 1864
鳚科 Blenniidae Rafinesque, 1810
騰科 Uranoscopidae Bonaparte, 1831
玉筋鱼科 Ammodytidae Bonaparte, 1835
鰤科 Callionymidae Bonaparte, 1831
虾虎鱼科 Gobiidae Cuvier, 1816
鲽形目 Pleuronectiformes
牙鲆科 Paralichthyidae Regan, 1910
鲆科 Bothidae Smitt, 1892
鲽科 Pleuronectidae Rafinesque, 1815
鳎科 Soleidae Bonaparte, 1833
舌鳎科 Cynoglossidae Jordan, 1888
棘鲆科 Citharidae de Buen, 1935
冠鲽科 Samaridae Jordan & Goss, 1889

第三节　中国近海底栖脊椎动物亚门部分类群分类检索表

一、板鳃纲分类检索表

板鳃纲 Elasmobranchii 分总目检索表

眼和鳃孔侧位，眼缘游离；胸鳍前缘游离 ……………………………………鲨形总目 Selachomorpha

– 眼背位，鳃孔腹位；上眼缘不游离；胸鳍前缘与体侧及头侧愈合………………… 鳐形总目 Baiomorpha

鳐形总目 Baiomorpha 分目检索表

1. 吻特别延长，作剑状突出，侧缘具一行坚大吻齿 ………………………………锯鳐目 Pristiformes

– 吻正常，侧缘无坚大吻齿 ……………………………………………………………………………… 2

2. 头侧与胸鳍间有大型发电器官 ……………………………………………………… 电鳐目 Torpediniformes

– 头侧与胸鳍间无大型发电器官 ………………………………………………………………………… 3

3. 尾部一般粗大，具尾鳍；背鳍 2 个或无背鳍；无尾刺 ………………………………鳐形目 Rajiformes

– 尾部一般细小呈鞭状；尾鳍退化或消失；背鳍 1 个；常具尾刺…………………… 鲼目 Myliobatiformes

电鳐目 Torpediniformes 分科检索表

背鳍 2 个…………………………………………………………………… 双鳍电鳐科 Narcinidae Gill, 1862

– 背鳍 1 个 ……………………………………………………………… 单鳍电鳐科 Narkidae Fowler, 1934

鳐形目 Rajiformes 分科检索表

腹鳍正常，前部不分化为足趾状构造 …………………………犁头鳐科 Rhinobatidae Bonaparte, 1835

– 腹鳍前部分化为足趾状构造 ……………………………………………… 鳐科 Rajidae de Blainville, 1816

鲼目 Myliobatiformes 分科检索表

1. 鳃孔 6 对；无鼻口沟 …………………………………… 六鳃科 Hexatrygonidae Heemstra & Smith, 1980

– 鳃孔 5 对；具鼻口沟 ……………………………………………………………………………………… 2

2. 尾鳍发达…………………………………………………………… 扁魟科 Urolophidae Müller & Henle, 1841

– 无尾鳍…… 3

3. 体盘宽不超过体盘长的 1.3 倍；尾从泄殖腔中央至尾端长大于体盘宽 ………………………………

………………………………………………………………………… 魟科 Dasyatidae Jordan & Gilbert, 1879

– 体盘宽超过体盘长的 1.5 倍，尾从泄殖腔中央至尾端长小于体盘宽 ………………………………………

………………………………………………………………………………燕魟科 Gymnuridae Fowler, 1934

二、辐鳍鱼纲分类检索表

辐鳍鱼纲 Actinopterygii 分目检索表

1. 鳔存在时有鳔管，体呈鳗形或细长，发育过程有叶状幼体 ……………………… 鳗鲡目 Anguilliformes

– 鳔存在时无鳔管……………………………………………………………………………………… 2
2. 胸鳍基部呈柄状；鳃孔位于胸鳍基底后方 ………………………………… 鮟鱇目 Lophiiformes
– 胸鳍正常，基部不呈柄状；鳃孔通常位于基底前方 ……………………………………………… 3
3. 体不对称，两眼位于一侧 ………………………………………………… 鲽形目 Pleuronectiformes
– 体左右对称，眼位于头两侧 ……………………………………………………………………… 4
4. 背鳍无鳍棘………………………………………………………………………………………… 5
– 背鳍有鳍棘………………………………………………………………………………………… 6
5. 体有鳞；常有颏须；腹鳍鳍条 7 ～ 11 枚，胸位或喉位，或无腹鳍………………… 鳕形目 Gadiformes
– 体有细圆鳞；无颏须；腹鳍鳍条 1 ～ 2 枚，喉位、颏位，或无腹鳍；奇鳍常相连………………………
……………………………………………………………………………… 鼬鳚目 Ophidiiformes
6. 腰带不与匙骨相接，吻常呈管状，背鳍、臀鳍、胸鳍鳍条大多不分枝，通常具 1 个背鳍；体被以环装甲片；无腹鳍 ………………………………………………………………… 海龙目 Syngnathiformes
– 腰带与匙骨相接，吻通常不呈管状，背鳍、臀鳍、胸鳍鳍条大多分枝 …………………………… 7
7. 第 3 眶下骨后延形成眼下骨架，与前鳃盖骨相接 ………………………… 鲉形目 Scorpaeniformes
– 第 3 眶下骨正常，不与前鳃盖骨相接 ……………………………………………… 鲈形目 Perciformes

鳗鲡目 Anguilliformes 分科检索表

有尾鳍；侧线有或无；无胸鳍 ………………………………………… 海鳝科 Muraenidae Rafinesque, 1815
无尾鳍，尾端尖………………………………………………………… 蛇鳗科 Ophichthyidae Günther, 1870

鳕形目 Gadiformes 分科检索表

具尾鳍，背鳍无鳍棘，腹鳍喉位，鳔前端有盲突与头骨相接 ………… 深海鳕科 Moridae Moreau, 1881
无尾鳍，背鳍 2 个，有 2 枚鳍棘；腹鳍胸位或喉位，有 6 ～ 17 枚鳍条………………………………
…………………………………………………………………… 长尾鳕科 Macrouridae Bonaparte, 1831

鮟鱇目 Lophiiformes 分科检索表

1. 皮肤光滑；有伪鳃；额骨完全愈合 ……………………………… 鮟鱇科 Lophiidae Rafinesque, 1810
– 皮肤粗糙；伪鳃有或无；额骨后部愈合，前部分开 ……………………………………………… 2
2. 头、体平扁；体具骨质突或尖锐硬棘 ………………………… 蝙蝠鱼科 Ogcocephalidae Gill, 1893
- 头侧扁；背鳍具 3 枚鳍棘…………………………………… 躄鱼科 Antennariidae Jarocki, 1822

鲉形目 Scorpacniformes 分科检索表

1. 各眶下骨不扩大连合成宽甲 ………………………………………………………………………… 2
– 各眶下骨扩大连合成宽甲，眶前骨前部形成吻突；无上前鳃盖骨，吻突较短小 ……………………
…………………………………………………………………… 鲂鮄科 Triglidae Rafinesque, 1815
2. 前鳃盖骨具棘……………………………………………………………………………………… 3
– 前鳃盖骨无棘，眶下骨全备，6 块 ……………………… 六线鱼科 Hexagrammidae Jordan, 1888
3. 前鳃盖骨上半部具棱棘……………………………………………………………………………… 4
– 前鳃盖骨上下缘各具 1 棱棘 ………………………………… 杜父鱼科 Cottidae Bonaparte, 1831
4. 前鳃盖骨宽大……………………………………………………………………………………… 5
– 前鳃盖骨狭长，眶下骨棘细小，前鳃盖骨具 1 ～ 4 棘 ………… 鲬科 Platycephalidae Swainson, 1839

5. 眶下骨 5 ～ 6 块，第五眶下骨有时消失，具眶下感觉管，或 3 ～ 4 块，第三至第五眶下骨部分或全部消失，无眶后感觉管……………………………………………………………鲉科 Sebastidae Kaup, 1873
– 眶下骨 4 块，第四和第五眶下骨消失，具眶后感觉管 ……………………………………………… 6
6. 第一和第三眶下骨宽大……………………………………………………… 毒鲉科 Synanceiidae Gill, 1904
– 第一和第二眶下骨狭长……………………………………绒皮鲉科 Aploactinidae Jordan & Starks, 1904

鲽形目 Pleuronectiformes 分科检索表

1. 前鳃盖骨后缘常游离；无眼侧鼻孔位近头背缘，左右不对称；口常前位；无变形间髓棘；有后匙骨；有肋骨或肌膈骨刺；视神经交叉为单型 ……………………………………………………………………… 2
– 前鳃盖骨后缘埋皮下；无眼侧鼻孔位较低，左右近似对称。口前位或下位；有变形间髓棘；无后匙骨、肋骨及肌膈骨刺；视神经交叉为双型 ……………………………………………………………………… 6
2. 鳃盖膜分离；腹鳍基短，有一鳍棘 5 鳍条；尾鳍中部有 13 ～ 15 分枝鳍条；有眼侧胸鳍较无眼侧短；肛门位偏有眼侧………………………………………………………… 棘鲆科 Citharidae de Buen, 1935
– 鳃盖膜互连；腹鳍基短或长，无鳍棘而常有 6 鳍条；尾鳍中部 9 ～ 13 鳍条分枝；有眼侧胸鳍较无眼侧胸鳍长；肛门位偏无眼侧 ……………………………………………………………………………… 3
3. 两眼位头左侧；后部腹椎有肾脉弓，后端肾脉棘非叉状；颌齿尖细 ……………………………… 4
– 两眼位头右侧；腹椎无肾脉弓，或有肾脉弓而肾脉棘叉状；颌齿常不细尖 ………………………… 5
4. 背鳍始于眼上方或前方；偶鳍有分枝鳍条；两侧侧线各一条；上眼常比下眼位较前；尾舌骨钝钩状，钩端近截形；有背肋骨及腹肋骨；有眶间突 ………………………牙鲆科 Paralichthyidae Regan, 1910
– 背鳍始于吻部；偶鳍无分枝鳍条；常仅有眼侧有侧线；上眼比下眼位常较后；尾舌骨尖钩状；有肌膈骨刺；无眶间突 ………………………………………………………………………鲆科 Bothidae Smitt, 1892
5. 胸鳍有分枝鳍条；背鳍始于眼上方或吻部；有眶间突、肋骨及背肋骨 ………………………………
………………………………………………………………………鲽科 Pleuronectidae Rafinesque, 1815
– 胸鳍无分枝鳍条；背鳍始于吻部；有肌膈骨刺而无眶间突及肋骨等 ………………………………
…………………………………………………………………… 冠鲽科 Samaridae Jordan & Goss, 1889
6. 眼常位头右侧；两侧有腹鳍；尾舌骨钩状；无伪间髓棘；肾脉棘尖长形 ……………………………
……………………………………………………………………………… 鳎科 Soleidae Bonaparte, 1833
– 眼常位头左侧；无眼侧无腹鳍；尾舌骨浅叉状；有伪间髓棘；肾脉棘宽短 …………………………
……………………………………………………………………… 舌鳎科 Cynoglossidae Jordan, 1888

参 考 文 献

陈大刚，张美昭 . 2015a. 中国海洋鱼类（上卷）. 青岛：中国海洋大学出版社：111-740.

陈大刚，张美昭 . 2015b. 中国海洋鱼类（中卷）. 青岛：中国海洋大学出版社：745-845.

陈大刚，张美昭 . 2015c. 中国海洋鱼类（下卷）. 青岛：中国海洋大学出版社：1543-2010.

黄修明 . 2008. 海鞘纲 Ascidiacea. 见：刘瑞玉 . 中国海洋生物名录 . 北京：科学出版社：882-885.

金鑫波 . 2006. 中国动物志：硬骨鱼纲 鲉形目 . 北京：科学出版社：438-617.

李思忠，王惠民 . 1995. 中国动物志：硬骨鱼纲 鲽形目 . 北京：科学出版社：99-377.

刘静 . 2008. 软骨鱼纲 Chondrichthyes. 见：刘瑞玉 . 中国海洋生物名录 . 北京：科学出版社：898-900.

刘静 . 2008. 硬骨鱼纲 Osteichthyes. 见：刘瑞玉 . 中国海洋生物名录 . 北京：科学出版社：949-1057.

刘敏，陈骁，杨圣云 . 2013. 中国福建南部海洋鱼类图鉴 . 北京：海洋出版社：40-68.

马洪明，张俊丽，姚子昂，等 . 2010. 中国玻璃海鞘属一新纪录种——萨氏海鞘 *Ciona savignyi*. 水生生物学报，34(5): 1056-1059.

孟庆闻，苏锦祥，缪学祖. 1995. 鱼类分类学. 北京：中国农业出版社：519-530.

王义权，单锦城，黄宗国. 2012. 头索动物亚门 Cephalochordata. 见：黄宗国，林茂. 中国海洋物种和图集（上卷）：中国海洋物种多样性. 北京：海洋出版社：918.

伍汉霖，邵广昭，赖春福，等. 2017. 拉汉世界鱼类系统名典. 青岛：中国海洋大学出版社：10-319.

伍汉霖，钟俊生. 2008. 中国动物志：硬骨鱼纲 鲈形目（五）虾虎鱼亚目. 北京：科学出版社：196-751.

徐凤山. 2008. 头索动物亚门 Cephalochordata. 见：刘瑞玉. 中国海洋生物名录. 北京：科学出版社：886.

张士璀，何建国，孙世春. 2007. 海洋生物学. 青岛：中国海洋大学出版社：410.

郑成兴. 1995. 中国沿海海鞘的物种多样性. 生物多样性, 3(4): 201-205.

郑成兴. 2012. 海鞘纲 Ascidiacea. 见：黄宗国，林茂. 中国海洋物种和图集（上卷）：中国海洋物种多样性. 北京：海洋出版社：914-917.

朱元鼎，孟庆闻. 2001. 中国动物志：圆口纲 软骨鱼纲. 北京：科学出版社：329-439.

中文名索引

F

G

H

J

K

L

M

N

O

P

Q

R

S

T

Y

Z

拉丁学名索引

C

D

E

F

G

H

M

N

O

R

S